Réussir

Eureka Math®
5e année
Modules 5 & 6

Great Minds PBC is the creator of Eureka Math®,
Wit & Wisdom®, Alexandria Plan™, and PhD Science™.

Published by Great Minds PBC. greatminds.org

Copyright © 2020 Great Minds PBC. All rights reserved. No part of this work may be reproduced or used in any form or by any means—graphic, electronic, or mechanical, including photocopying or information storage and retrieval systems—without written permission from the copyright holder.

ISBN 978-1-64929-102-8

1 2 3 4 5 6 7 8 9 10 XXX 25 24 23 22 21 20

Printed in the USA

Apprendre ♦ Pratiquer ♦ Réussir

Le matériel pédagogique d'*Eureka Math®* pour *A Story of Units®* (K-5) est proposé dans le trio *Apprendre, Pratiquer, Réussir*. Cette série prend en charge la différenciation et la remédiation tout en gardant les documents pour les élèves organisés et accessibles. Les éducateurs constateront que la série *Apprendre, Pratiquer,* et *Réussir* propose également des ressources cohérentes—et donc plus efficaces—pour la réponse à l'intervention (RAI), la pratique supplémentaire et l'apprentissage pendant l'été.

Apprendre

Apprendre d'Eureka Math sert de compagnon de classe aux élèves, où ils montrent leurs réflexions, partagent ce qu'ils savent, et voient leurs connaissances s'enrichir chaque jour. *Apprendre* rassemble le travail quotidien en classe—Problèmes d'application, Tickets de sortie, Séries de problèmes, Modèles—dans un volume organisé et facilement navigable.

Pratiquer

Chaque leçon *Eureka Math* commence par une série d'activités de perfectionnement énergiques et joyeuses, y compris celles se trouvant dans *Pratiquer d'Eureka Math*. Les élèves qui maîtrisent déjà leurs savoirs en mathématiques peuvent acquérir une plus grande maîtrise pratique, encore plus approfondie. Avec *Pratiquer*, les élèves acquièrent des compétences dans les savoirs nouvellement acquis et renforcent leurs apprentissages antérieurs en vue de la leçon suivante.

Ensemble, *Apprendre* et *Pratiquer* fournissent tout le matériel imprimé que les élèves utiliseront pour leur enseignement fondamental des mathématiques.

Réussir

Réussir d'Eureka Math permet aux élèves de travailler individuellement vers leur maîtrise. Ces séries additionnelles de problèmes font correspondre chaque leçon à l'enseignement en classe, ce qui les rend idéaux comme devoirs ou entraînements supplémentaires. Chaque ensemble de problèmes est accompagné d'une Aide aux devoirs, un ensemble d'exemples concrets qui illustrent comment résoudre des problèmes similaires.

Les enseignants et les tuteurs peuvent utiliser les livres *Réussir* des niveaux précédents comme outils cohérents avec le programme pour combler des lacunes dans les connaissances fondamentales. Les élèves s'épanouiront et progresseront plus rapidement parce que les modèles familiers facilitent les connexions au contenu de leur niveau scolaire actuel.

Élèves, familles et éducateurs :

Merci de faire partie de la communauté *Eureka Math*®, qui célèbre la passion, l'émerveillement et le plaisir des mathématiques.

Rien ne vaut la satisfaction de la réussite : plus les élèves sont compétents, plus leur motivation et leur engagement sont grands. Le livre *Eureka Math Réussir* fournit les conseils et les exercices supplémentaires dont les élèves ont besoin pour consolider leurs connaissances de base et acquérir la maîtrise de nouveaux matériaux.

Que contient le livre Réussir ?

Les livres *Eureka Math Réussir* fournissent des ensembles d'exercices pratiques qui complémentent les leçons de *Une histoire d'unités*®. Chaque leçon de *Réussir* commence par un ensemble d'exemples travaillés, appelés *Aides aux devoirs*, qui illustrent la façon dont le programme d'études utilise la modélisation et le raisonnement pour renforcer la compréhension. Ensuite, les élèves s'exercent à l'aide d'une série de problèmes soigneusement séquencés afin de partir d'une zone de confort, puis augmentent progressivement en complexité.

Comment utiliser Réussir ?

La série de livres *Réussir* peut être utilisée comme enseignement différencié, exercices pratiques, devoirs ou comme soutien scolaire. Associées à *Affirmé*®, le système d'évaluation numérique d'*Eureka Math*, les leçons de *Réussir* permettent aux éducateurs de dispenser une pratique ciblée et d'évaluer les avancées des élèves. L'alignement de *Réussir* avec les modèles mathématiques et le langage utilisés dans *Une Histoire d'Unités* assurent aux élèves la compréhension les liens et la pertinence de leur enseignement quotidien, qu'ils travaillent sur les compétences de base ou qu'ils s'exercent dans la thématique du moment.

Où puis-je en savoir plus sur les ressources Eureka Math ?

L'équipe de Great Minds® s'engage à aider les élèves, les familles, et les éducateurs avec une bibliothèque de ressources en constante expansion, disponible sur le site eureka-math.org. Le site Web propose également des histoires de réussite inspirantes survenues dans la communauté *Eureka Math*. Partagez vos idées et vos réalisations avec d'autres utilisateurs en devenant un Champion d'*Eureka Math*.

Meilleurs vœux pour une année remplie de moments Eureka !

Jill Diniz
Directeur des mathématiques
Great Minds

Table des matières

Module 5 : Addition et multiplication avec volume et surface

Sujet A : Concepts du volume

Leçon 1 3

Leçon 2 7

Leçon 3 11

Sujet B : Volume et opérations de multiplication et d'addition

Leçon 4 15

Leçon 5 19

Leçon 6 23

Leçon 7 27

Leçon 8 31

Leçon 9 35

Sujet C : Zone de figures rectangulaires avec des longueurs de côté fractionnaires

Leçon 10 39

Leçon 11 43

Leçon 12 49

Leçon 13 53

Leçon 14 57

Leçon 15 61

Sujet D : Dessin, analyse et classification de formes bidimensionnelles

Leçon 16 65

Leçon 17 69

Leçon 18 73

Leçon 19 77

Leçon 20 81

Leçon 21 85

Module 6 : Résolution de problèmes avec le plan de coordonnées

Sujet A : Systèmes de coordonnées

Leçon 1 91

Leçon 2 95

Leçon 3 99

Leçon 4 107

Leçon 5 111

Leçon 6 117

Sujet B : Schémas dans le plan de coordonnées et représentation graphique des schémas numériques à partir de règles

Leçon 7 123

Leçon 8 129

Leçon 9 133

Leçon 10 137

Leçon 11 143

Leçon 12 147

Sujet C : Dessiner des figures dans le plan de coordonnées

Leçon 13 151

Leçon 14 155

Leçon 15 159

Leçon 16 163

Leçon 17 167

Sujet D : Résolution de problèmes dans le plan de coordonnées

Leçon 18 171

Leçon 19 175

Leçon 20 179

Sujet E : Résoudre des problèmes à plusieurs étapes

Leçon 21 183

Leçon 22 187

Leçon 23 191

Leçon 24 195

Leçon 25 199

Sujet F : Les années en revue : une réflexion sur Une histoire d'unités

Leçon 26 203

Leçon 27 207

Leçon 28 211

Leçon 29 213

Leçon 30 217

Leçon 31 219

Leçon 32 223

Leçon 33 227

5e année

Module 5

UNE HISTOIRE D'UNITÉS Leçon 1 Aide aux devoirs 5•5

1. Les solides suivants sont constitués de cubes de 1 cm. Trouve le volume total de chaque figure et écris-le dans le tableau ci-dessous.

   a. 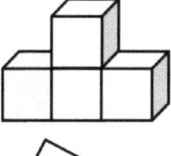   b.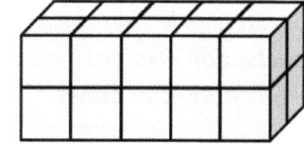

   > Je vois qu'il y a 3 cubes en bas et 1 cube en haut. Par conséquent, ce solide a un total de 4 cubes.

   > Je vois qu'il y a 2 couches de cubes comme les couches d'un gâteau (haut et bas). Il y a 10 cubes en haut et il doit y en avoir 10 en bas. Par conséquent, ce solide a un total de 20 cubes.

   > Puisque la figure (a) est composée d'un total de 4 cubes, je peux dire qu'elle a un volume de 4 centimètres cubes.

Figure	Le volume	Explication
a	4 cm³	J'ai ajouté 3 cubes et 1 cube. 3 + 1 = 4
b	20 cm³	J'ai compté la couche supérieure puis multiplié par 2.

2. Dessine une figure avec le volume donné sur la feuille pointillée.

   a. 2 unités cubiques 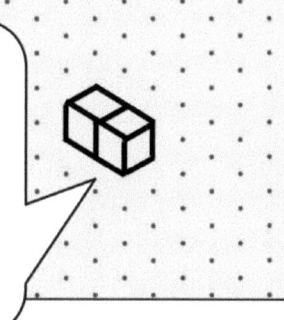   b. 4 unités cubiques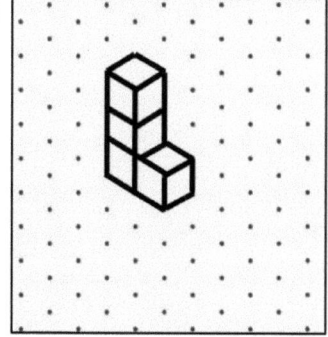

   > Je peux relier les points pour faire des lignes droites et dessiner des figures qui ressemblent à des cubes d'un centimètre.

Leçon 1 : Explorer le volume en construisant et en comptant les cubes unitaires.

3. Allison dit que la figure ci-dessous, composée de cubes de 1 cm, a un volume de 4 centimètres cubes.

   a. Explique son erreur.

   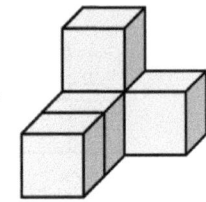

   Allison ne compte pas le cube caché. Le cube qui se trouve sur la deuxième couche doit être posé sur un cube caché. Le volume de cette figure est de 5 centimètres cubes.

   > Je vois qu'il y a 4 cubes affichés, mais il y en a un caché sous le 1 cube en haut.

   b. Imagine si Allison ajoute à la deuxième couche pour que les cubes recouvrent complètement la première couche de la figure ci-dessus. Quel serait le volume de la nouvelle structure ? Explique comment tu le sais.

   Le volume serait de 8 cm^3. J'ai compté la première couche, puis multiplié par 2.

   $4 \text{ cm}^3 \times 2 = 8 \text{ cm}^3$

   > Comme Allison veut créer une deuxième couche identique à la première couche, je peux simplement multiplier 4 cubes par 2.

Nom _____ Date _____

1. Les solides suivants sont constitués de cubes de 1 cm. Trouve le volume total de chaque figure et écris-le dans le tableau ci-dessous.

A.

D.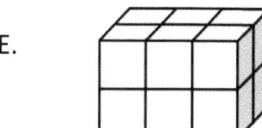

B.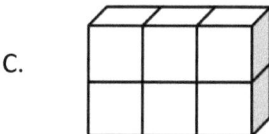

E.

C.

F.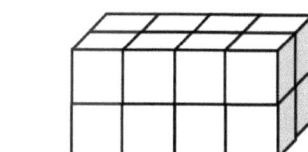

Figure	Volume	Explication
A		
B		
C		
D		
E		
F		

Leçon 1 : Explorer le volume en construisant et en comptant les cubes unitaires.

2. Dessine une figure avec le volume donné sur la feuille pointillée.

   a. 3 unités cubiques

   b. 6 unités cubiques

   c. 12 unités cubiques

3. John a construit et dessiné une structure qui a un volume de 5 centimètres cubes. Son petit frère lui dit qu'il a fait une erreur car il n'a tracé que 4 cubes. Aide John à expliquer à son frère pourquoi son dessin est exact.

   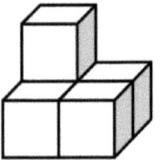

4. Dessine une autre figure ci-dessous qui représente une structure d'un volume de 5 centimètres cubes.

UNE HISTOIRE D'UNITÉS Leçon 2 Aide aux devoirs 5•5

1. Grise les chiffres suivants sur du papier quadrillé centimétrique. Coupe et plie chacune d'entre elles pour faire 3 boîtes ouvertes, en les collant pour qu'elles tiennent leurs formes. Remplis chaque boîte avec des cubes. Écris combien de cubes remplissent la boîte.

    a.

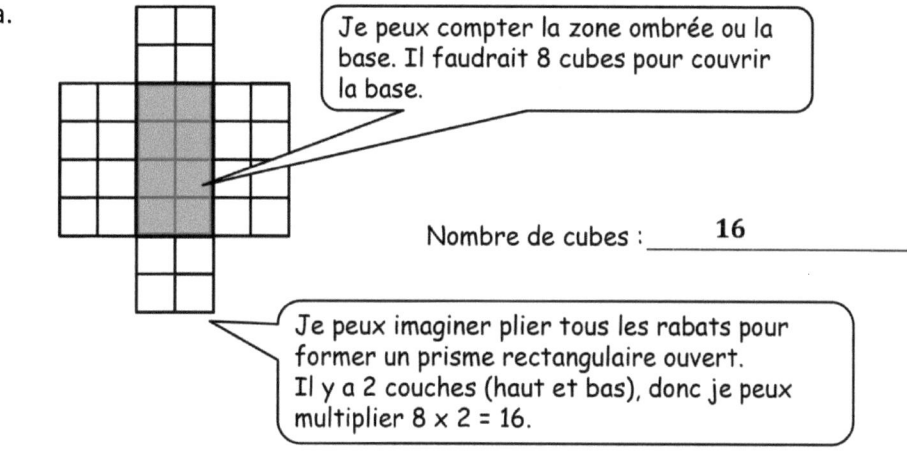

   Je peux compter la zone ombrée ou la base. Il faudrait 8 cubes pour couvrir la base.

   Nombre de cubes : _____16_____

   Je peux imaginer plier tous les rabats pour former un prisme rectangulaire ouvert. Il y a 2 couches (haut et bas), donc je peux multiplier 8 × 2 = 16.

    b.

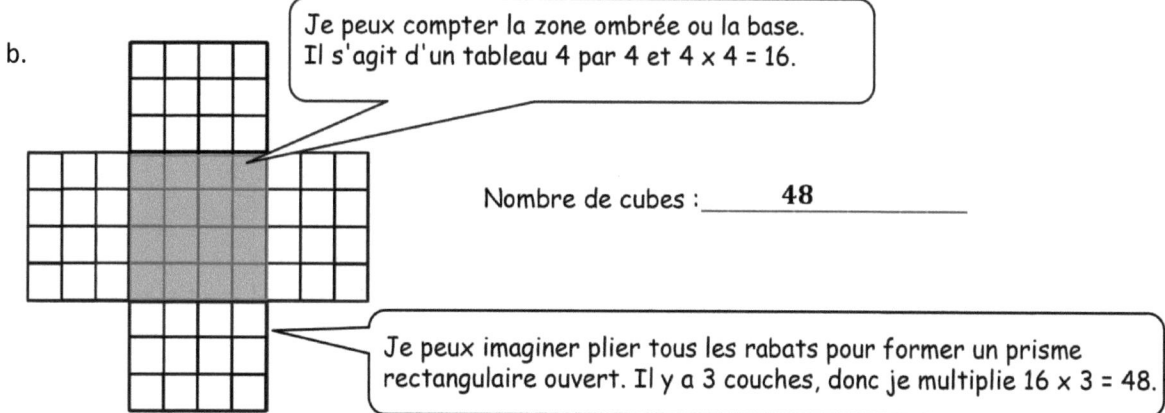

   Je peux compter la zone ombrée ou la base. Il s'agit d'un tableau 4 par 4 et 4 × 4 = 16.

   Nombre de cubes : _____48_____

   Je peux imaginer plier tous les rabats pour former un prisme rectangulaire ouvert. Il y a 3 couches, donc je multiplie 16 × 3 = 48.

Leçon 2 : Trouver le volume d'un prisme rectangulaire droit en remplissant avec des unités cubiques et en comptant.

2. Combien de cubes centimétriques tiendraient dans chaque boîte ? Explique ta réponse à l'aide de mots et de diagrammes sur la boîte. (Les figures ne sont pas dessinées à l'échelle.)

a.

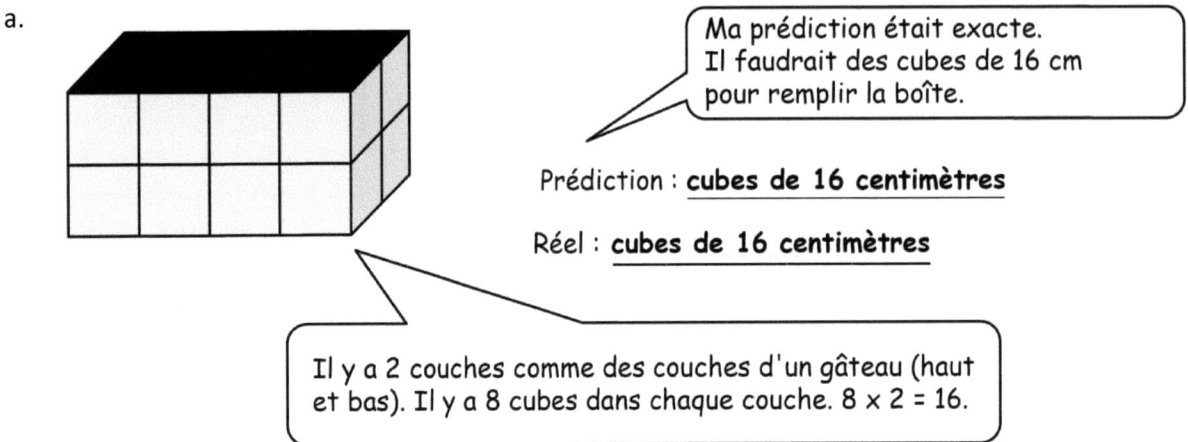

Prédiction : **cubes de 16 centimètres**

Réel : **cubes de 16 centimètres**

Il y a 2 couches : celle du dessus et celle du dessous. Chaque couche contient 8 cubes, et 8 cubes × 2 = 16 cubes.

b.

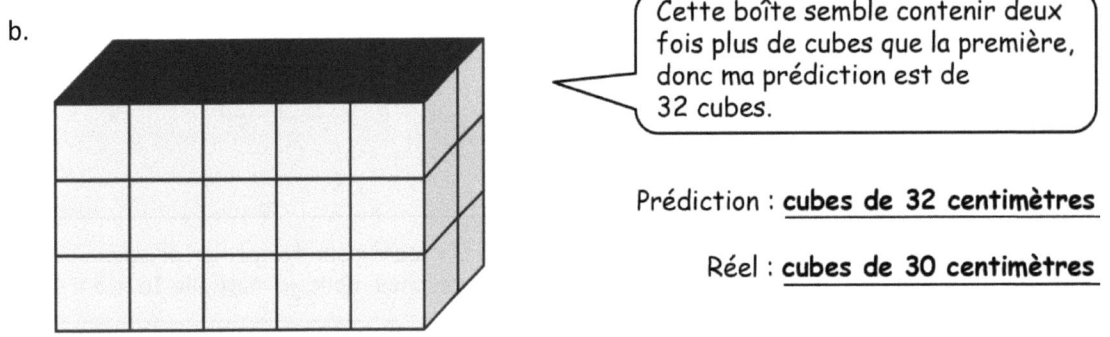

Prédiction : **cubes de 32 centimètres**

Réel : **cubes de 30 centimètres**

Il y a 3 couches : celle du dessus, celle du milieu et celle du dessous.

Chaque couche contient 10 cubes, et 10 cubes × 3 = 30 cubes.

Nom _____ Date _____

1. Fais les boîtes suivantes sur du papier quadrillé centimétrique. Coupe et plie chacune d'entre elles pour faire 3 boîtes ouvertes, en les collant pour qu'elles tiennent leurs formes. Combien de cubes faut-il pour remplir chaque boîte ? Explique comment tu as trouvé le nombre.

   a. 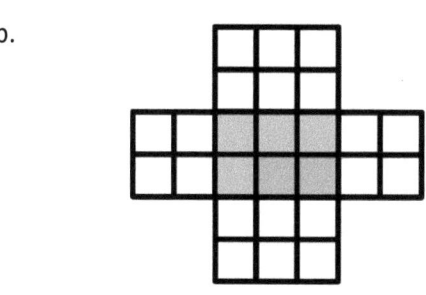   Nombre de cubes : _____

   b.   Nombre de cubes : _____

   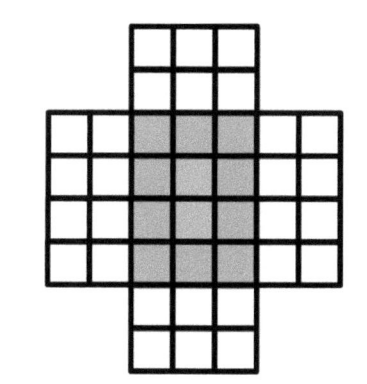

   c.   Nombre de cubes : _____

Leçon 2 : Trouver le volume d'un prisme rectangulaire droit en remplissant avec des unités cubiques et en comptant.

2. Combien de cubes centimétriques tiendraient dans chaque boîte ? Explique ta réponse à l'aide de mots et de diagrammes sur chaque boîte. (Les figures ne sont pas dessinées à l'échelle.)

a.

Nombre de cubes : _____

Explication :

b.

Nombre de cubes : _____

Explication :

c.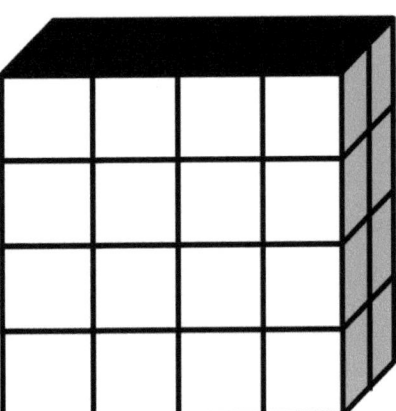

Nombre de cubes : _____

Explication :

3. Le modèle de boîte ci-dessous contient 24 cubes de 1 centimètre. Dessine deux modèles de boîte différents qui contiendraient le même nombre de cubes.

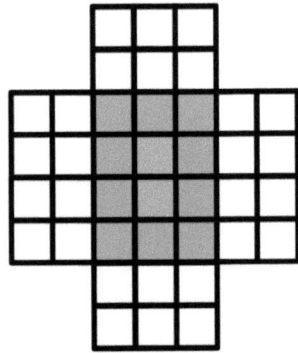

1. Utilise les prismes pour trouver le volume.
   - Compose le prisme rectangulaire illustré ci-dessous à gauche de tes cubes, si nécessaire.
   - Décompose-le en couches de trois manières différentes et montre tes réflexions sur les prismes vides.
   - Complète les informations manquantes dans le tableau.

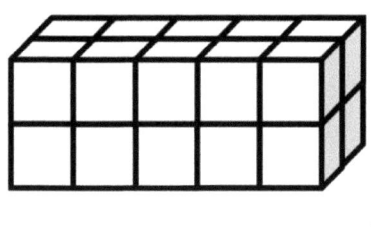

Nombre de couches	Nombre de cubes dans chaque couche	Volume du prisme
2	10	20 cm cube
5	4	20 cm cube
2	10	20 cm cube

Je peux regarder le prisme rectangulaire ci-dessus ou ceux que j'ai découpés ci-dessous pour m'aider à enregistrer les informations dans le tableau.

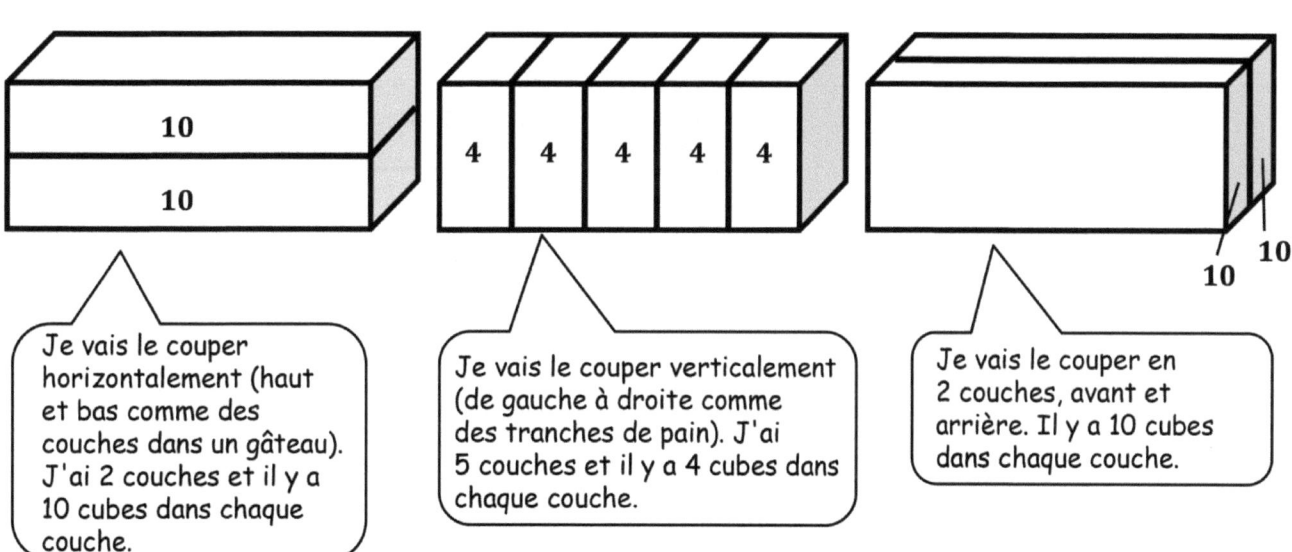

Je vais le couper horizontalement (haut et bas comme des couches dans un gâteau). J'ai 2 couches et il y a 10 cubes dans chaque couche.

Je vais le couper verticalement (de gauche à droite comme des tranches de pain). J'ai 5 couches et il y a 4 cubes dans chaque couche.

Je vais le couper en 2 couches, avant et arrière. Il y a 10 cubes dans chaque couche.

Leçon 3 : Composer et décomposer des prismes rectangulaires droits à l'aide de couches.

> Je peux visualiser un prisme de 5 in × 5 in × 1 in. En regardant le prisme du haut, il ressemblerait à un carré puisque la longueur et la largeur sont égales. Le prisme ne mesure que 2.5 cm de haut, il ressemble donc à la couche inférieure d'un gâteau.

2. Joseph fabrique un prisme rectangulaire de 5 pouces sur 5 pouces sur 1 pouce. Il décide alors de créer des calques égaux à son premier. Remplissez le tableau ci-dessous et expliquez comment vous connaissez le volume de chaque nouveau prisme.

> Pour trouver le volume en 3 couches, je vais multiplier 3 fois 25 in³. La réponse est 75 in³.

Nombre de couches	Le volume	Explication
3	75 in³	1 *couche* : 25 in³ 3 *couches* : 3 × 25 in³ = 75 in³
5	125 in³	1 *couche* : 25 in³ 5 *couches* : 5 × 25 in³ = 125 in³

> Pour trouver le volume de 5 couches, je vais multiplier 5 fois 25 in³. La réponse est 125 in³.

Nom _____ Date _____

1. Utilise les prismes pour trouver le volume.

   - Les prismes rectangulaires illustrés ci-dessous ont été construits avec des cubes de 1 cm.
   - Décompose chaque prime en couches de trois manières différentes et montre tes réflexions sur les prismes vides.
   - Complète chaque tableau.

   a.

Nombre de couches	Nombre de cubes dans chaque couche	Volume du prisme
		cm cube
		cm cube
		cm cube

   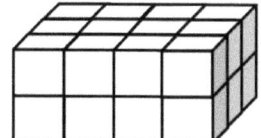

   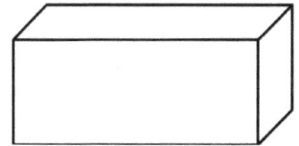 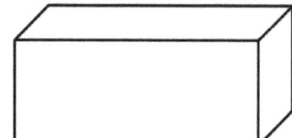 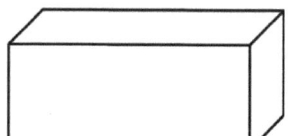

   b.

Nombre de couches	Nombre de cubes dans chaque couche	Volume du prisme
		cm cube
		cm cube
		cm cube

   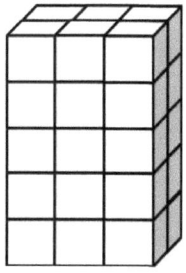

   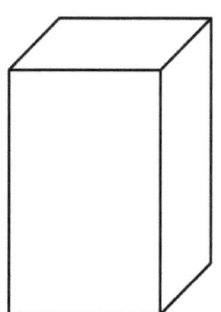 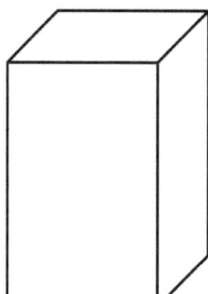 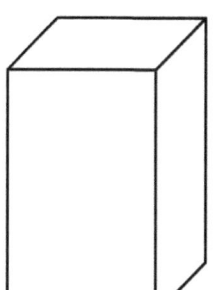

Leçon 3 : Composer et décomposer des prismes rectangulaires droits à l'aide de couches.

2. Stephen et Chelsea veulent augmenter le volume de ce prisme de 72 centimètres cubes. Chelsea veut ajouter huit couches, et Stephen dit qu'ils n'ont besoin d'ajouter que quatre couches. Leur professeur leur dit qu'ils ont tous les deux raison. Explique comment c'est possible.

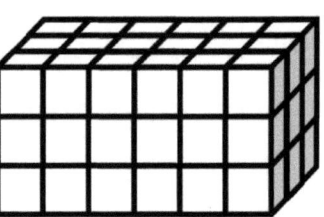

3. Juliana fait un prisme de 4 pouces de diamètre et 4 pouces de largeur mais seulement 1 pouce de hauteur. Elle décide alors de créer des couches égales à son premier. Remplis le tableau ci-dessous et explique comment tu connais le volume de chaque nouveau prisme.

Nombre de couches	Volume	Explication
3		
5		
7		

4. Imagine que le prisme rectangulaire ci-dessous mesure 4 mètres de long, 3 mètres de haut et 2 mètres de large. Trace des lignes horizontales pour montrer comment le prisme pourrait être décomposé en couches de 1 mètre de hauteur.

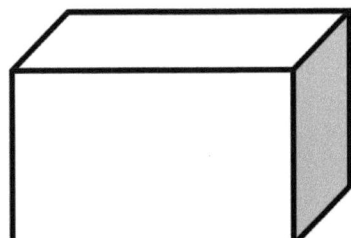

Il contient _____ couches de haut en bas.

Chaque couche horizontale contient _____ mètres cubiques.

Le volume de ce prisme est _____

UNE HISTOIRE D'UNITÉS

Leçon 4 Aide aux devoirs 5•5

1. Chaque prisme rectangulaire est construit à partir de cubes d'un centimètre. Énonce les dimensions et trouve le volume.

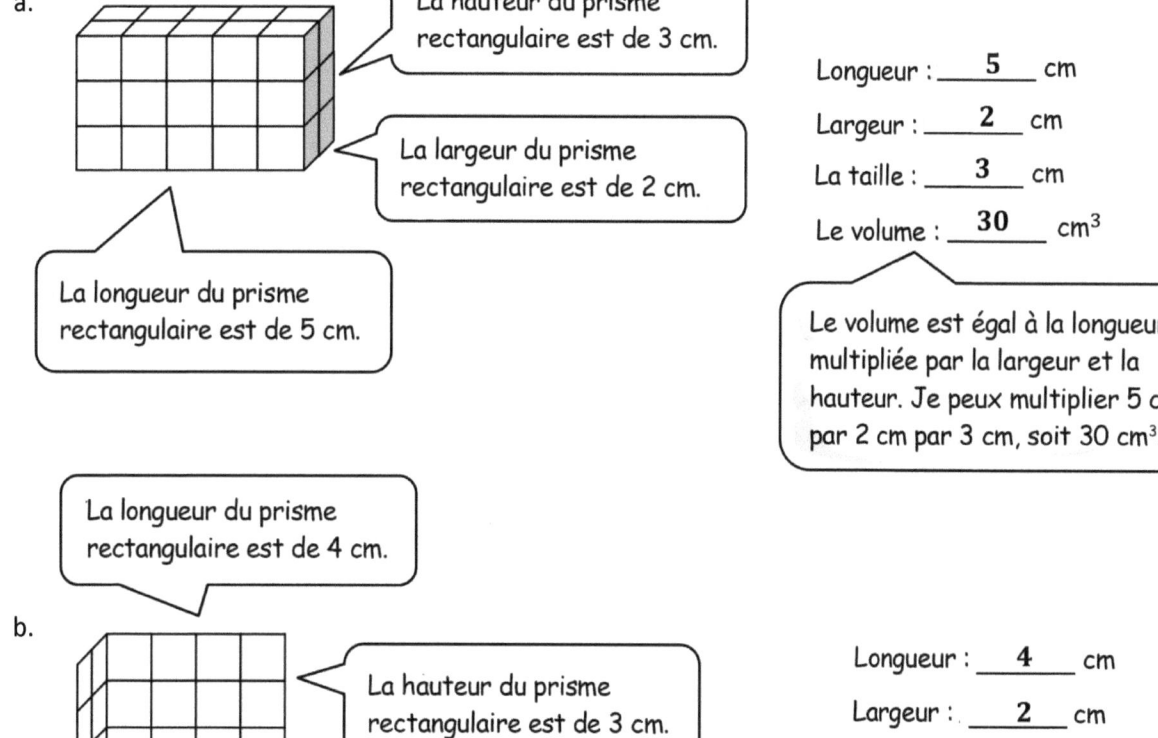

a.

La hauteur du prisme rectangulaire est de 3 cm.

La largeur du prisme rectangulaire est de 2 cm.

La longueur du prisme rectangulaire est de 5 cm.

Longueur : __5__ cm
Largeur : __2__ cm
La taille : __3__ cm
Le volume : __30__ cm³

Le volume est égal à la longueur multipliée par la largeur et la hauteur. Je peux multiplier 5 cm par 2 cm par 3 cm, soit 30 cm³.

b.

La longueur du prisme rectangulaire est de 4 cm.

La hauteur du prisme rectangulaire est de 3 cm.

La largeur du prisme rectangulaire est de 2 cm.

Longueur : __4__ cm
Largeur : __2__ cm
La taille : __3__ cm
Le volume : __24__ cm³

Volume = $l \times w \times h$. Je peux multiplier 4 cm par 2 cm par 3 cm, soit 24 cm³.

2. Écris une phrase de multiplication que tu pourrais utiliser pour calculer le volume de chaque prisme rectangulaire dans le Problème 1. Inclus les unités dans tes phrases.

a. __5 cm × 2 cm × 3 cm = 30 cm³__

b. __4 cm × 2 cm × 3 cm = 24 cm³__

Leçon 4 :   Utiliser la multiplication pour calculer le volume.

3. Calcule le volume de chaque prisme rectangulaire. Inclus les unités dans tes phrases numériques.

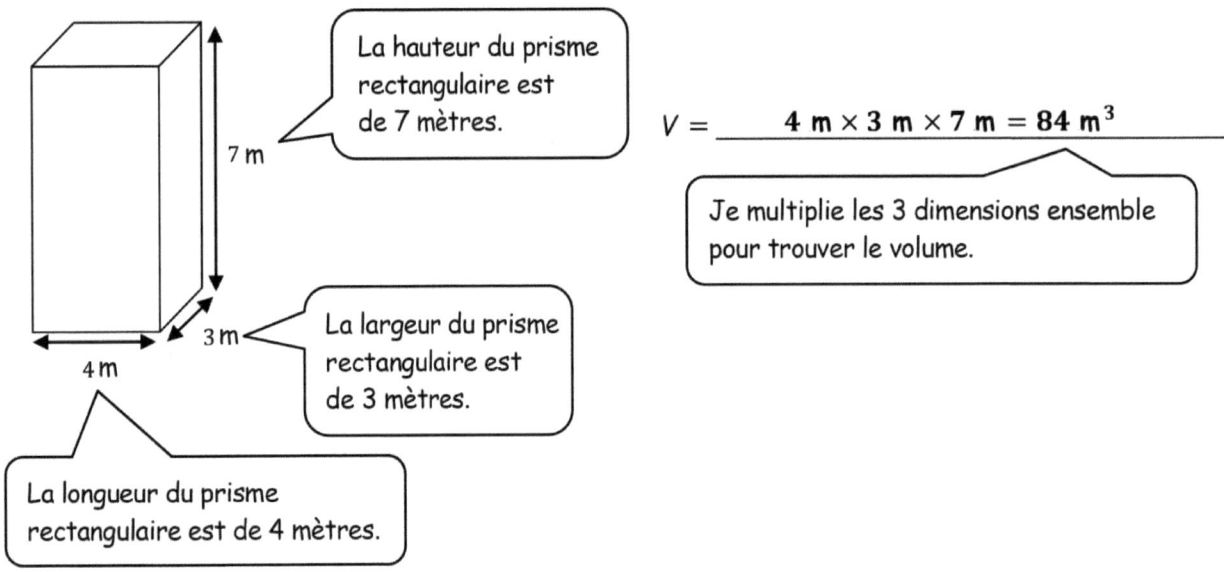

$V = $ _____ $4\text{ m} \times 3\text{ m} \times 7\text{ m} = 84\text{ m}^3$ _____

4. Meilin construit une boîte en forme de prisme rectangulaire pour ranger ses petits jouets. Elle a une longueur de 10 pouces, une largeur de 5 pouces et une hauteur de 7 pouces. Quel est le volume de la boîte ?

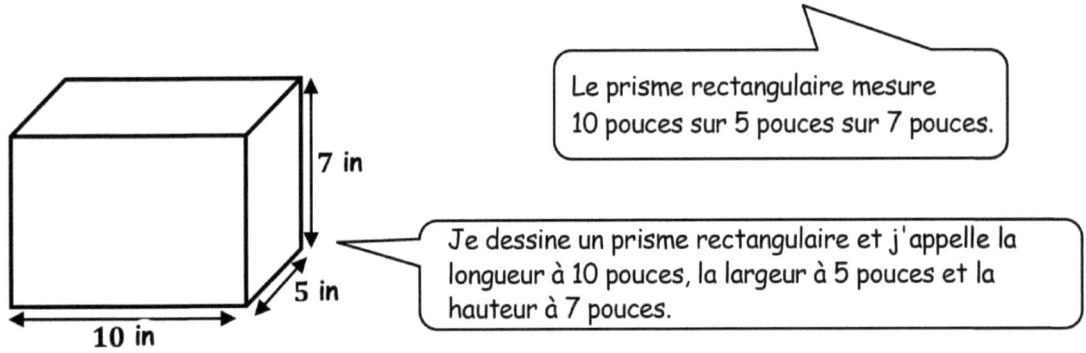

Volume = longueur × largeur × hauteur

$V = 10\text{ in} \times 5\text{ in} \times 7\text{ in} = 350\text{ in}^3$

Le volume de la boîte est **350** *pouces cubiques.*

UNE HISTOIRE D'UNITÉS   Leçon 4 Devoirs   5•5

Nom _____   Date _____

1. Chaque prisme rectangulaire est construit à partir de cubes d'un centimètre. Énonce les dimensions et trouve le volume.

   a.
   Longueur : _____ cm
   Largeur : _____ cm
   Hauteur : _____ cm
   Volume : _____ cm³

   b.
   Longueur : _____ cm
   Largeur : _____ cm
   Hauteur : _____ cm
   Volume : _____ cm³

   c.
   Longueur : _____ cm
   Largeur : _____ cm
   Hauteur : _____ cm
   Volume : _____ cm³

   d.
   Longueur : _____ cm
   Largeur : _____ cm
   Hauteur : _____ cm
   Volume : _____ cm³

2. Écris une phrase de multiplication que tu pourrais utiliser pour calculer le volume de chaque prisme rectangulaire dans le Problème 1. Inclus les unités dans tes phrases.

   a. _____   b. _____

   c. _____   d. _____

Leçon 4 :   Utiliser la multiplication pour calculer le volume.

3. Calcule le volume de chaque prisme rectangulaire. Inclus les unités dans tes phrases numériques.

   a.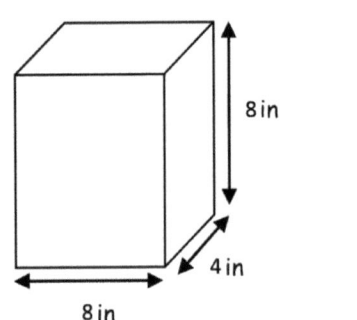

   Volume : _____

   b.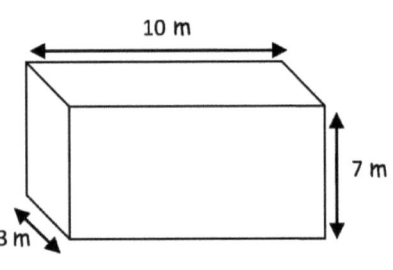

   Volume : _____

4. Mme Johnson construit une boîte en forme de prisme rectangulaire pour ranger les vêtements pour l'été. Elle a une longueur de 28 pouces, une largeur de 24 pouces et une hauteur de 30 pouces. Quel est le volume de la boîte ?

5. Calcule le volume de chaque prisme rectangulaire en utilisant les informations fournies.

   a. Superficie du côté : 56 mètres carrés

      Hauteur : 4 mètres

   b. Superficie du côté : 169 mètres carrés

      Hauteur : 14 pouces

UNE HISTOIRE D'UNITÉS — Leçon 5 Aide aux devoirs 5•5

1. Kevin a rempli un récipient de cubes de 40 centimètres. Grise le gobelet pour indiquer la quantité d'eau contenue dans le récipient. Explique comment tu le sais.

   Il va contenir 40 millilitres d'eau. Je sais que $1\text{ cm}^3 = 1\text{ ml}$.
   Donc, 40 cm^3 est égal à 40 ml.

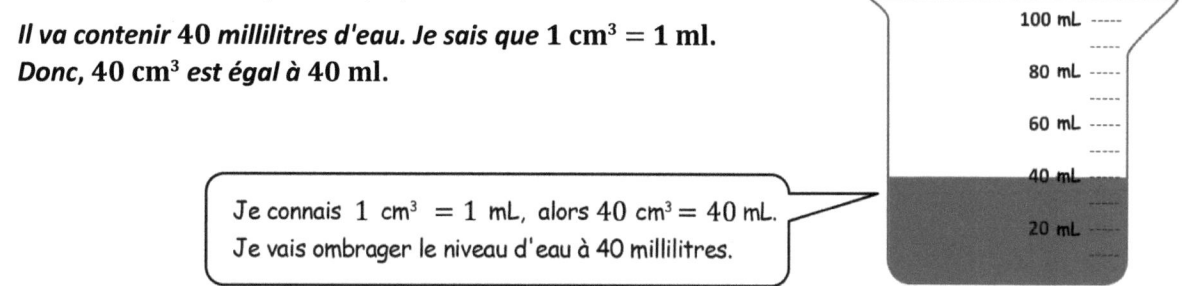

Je connais $1\text{ cm}^3 = 1\text{ mL}$, alors $40\text{ cm}^3 = 40\text{ mL}$.
Je vais ombrager le niveau d'eau à 40 millilitres.

2. Un gobelet contient 200 ml d'eau. Joe veut verser l'eau dans un récipient qui pourra contenir l'eau. Lequel des récipients illustrés ci-dessous pourrait-il utiliser ? Explique tes choix.

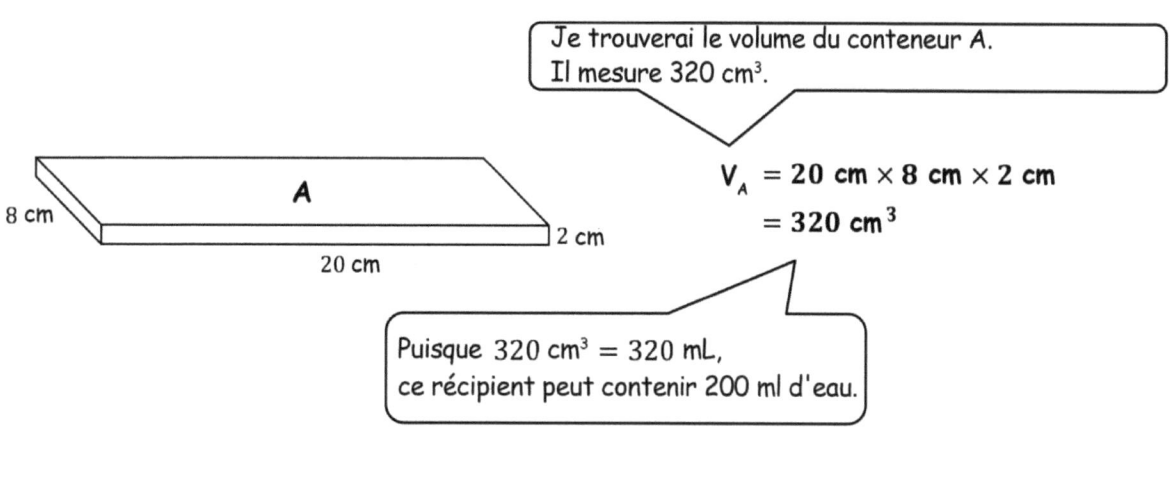

Je trouverai le volume du conteneur A.
Il mesure 320 cm^3.

$V_A = 20\text{ cm} \times 8\text{ cm} \times 2\text{ cm}$
$= 320\text{ cm}^3$

Puisque $320\text{ cm}^3 = 320\text{ mL}$, ce récipient peut contenir 200 ml d'eau.

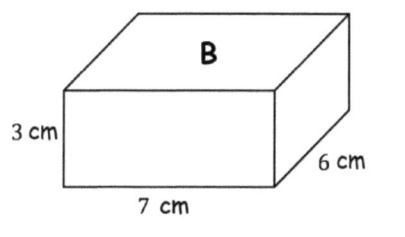

$V_B = 7\text{ cm} \times 6\text{ cm} \times 3\text{ cm}$
$= 126\text{ cm}^3$

Puisque $126\text{ cm}^3 = 126\text{ mL}$, ce récipient peut contenir 200 ml d'eau.

Leçon 5 : Utiliser la multiplication pour connecter le volume comme *emballage* avec le volume comme *remplissage*.

UNE HISTOIRE D'UNITÉS — Leçon 5 Aide aux devoirs 5•5

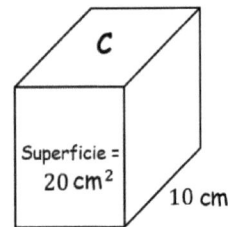

Je peux trouver le volume du conteneur C en multipliant la surface de la face avant par la largeur.

$$V_C = 20 \text{ cm}^2 \times 10 \text{ cm}$$
$$= 200 \text{ cm}^3$$

Puisque 200 cm³ = 200 mL, ce récipient peut contenir 200 ml d'eau.

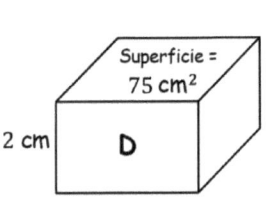

Je peux trouver le volume du conteneur D en multipliant la surface de la face supérieure par la hauteur.

$$V_D = 75 \text{ cm}^2 \times 2 \text{ cm}$$
$$= 150 \text{ cm}^3$$

Puisque 150 cm³ = 150 mL, ce contenant ne pourra pas contenir 200 mL d'eau.

Joe pourra utiliser le récipient A car le volume est de 320 cm³. *Il pourra également utiliser le récipient C car le volume est de* 200 cm³. *Il ne pourra pas utiliser les récipients B et D car ils sont trop petits.*

Nom _____ Date _____

1. Johnny a rempli un récipient avec des cubes de 30 centimètres. Grise le gobelet pour indiquer la quantité d'eau contenue dans le récipient. Explique comment tu le sais.

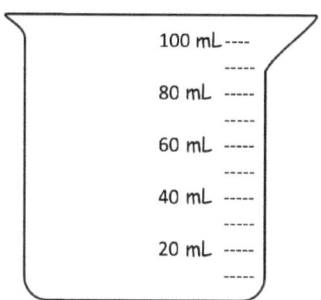

2. Un gobelet contient 250 ml d'eau. Joe veut verser l'eau dans un récipient qui pourra contenir l'eau. Lequel des récipients illustrés ci-dessous pourrait-il utiliser ? Explique tes choix.

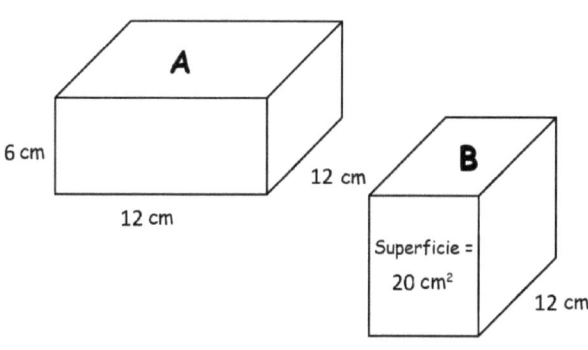

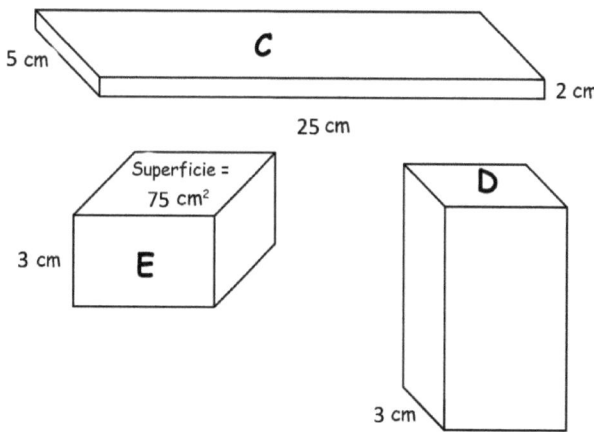

3. Au dos de cette feuille, décris les détails des activités que tu as faites en classe aujourd'hui. Inclues ce que tu as appris sur les centimètres cubes et les millilitres. Donne un exemple de problème que tu as résolu avec une illustration.

Leçon 6 Aide aux devoirs 5•5

1. Trouve le volume total des chiffres et enregistre ta stratégie pour trouver la solution.

   a.

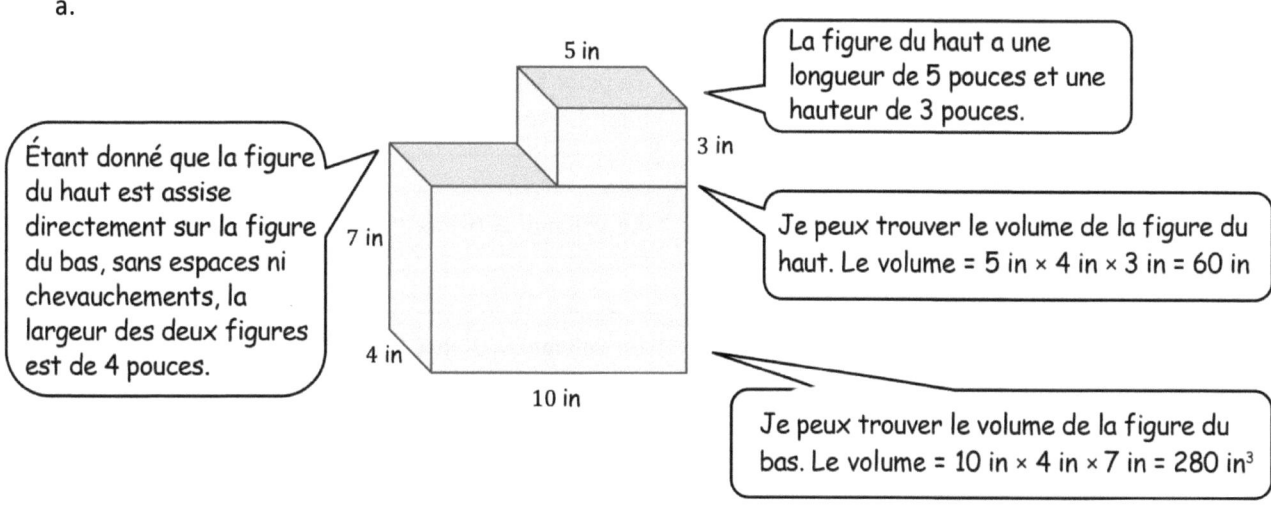

Étant donné que la figure du haut est assise directement sur la figure du bas, sans espaces ni chevauchements, la largeur des deux figures est de 4 pouces.

La figure du haut a une longueur de 5 pouces et une hauteur de 3 pouces.

Je peux trouver le volume de la figure du haut. Le volume = 5 in × 4 in × 3 in = 60 in

Je peux trouver le volume de la figure du bas. Le volume = 10 in × 4 in × 7 in = 280 in^3

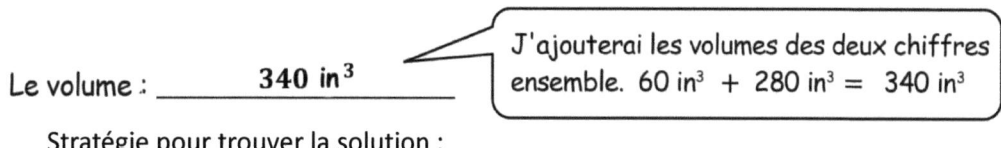

Le volume : _____ 340 in^3 _____

J'ajouterai les volumes des deux chiffres ensemble. 60 in^3 + 280 in^3 = 340 in^3

Stratégie pour trouver la solution :

J'ai trouvé le volume de la figure du haut, 60 in^3, et le volume de la figure du bas, 280 in^3. Ensuite, j'ai ajouté les deux volumes ensemble pour obtenir un total de 340 in^3.

b.

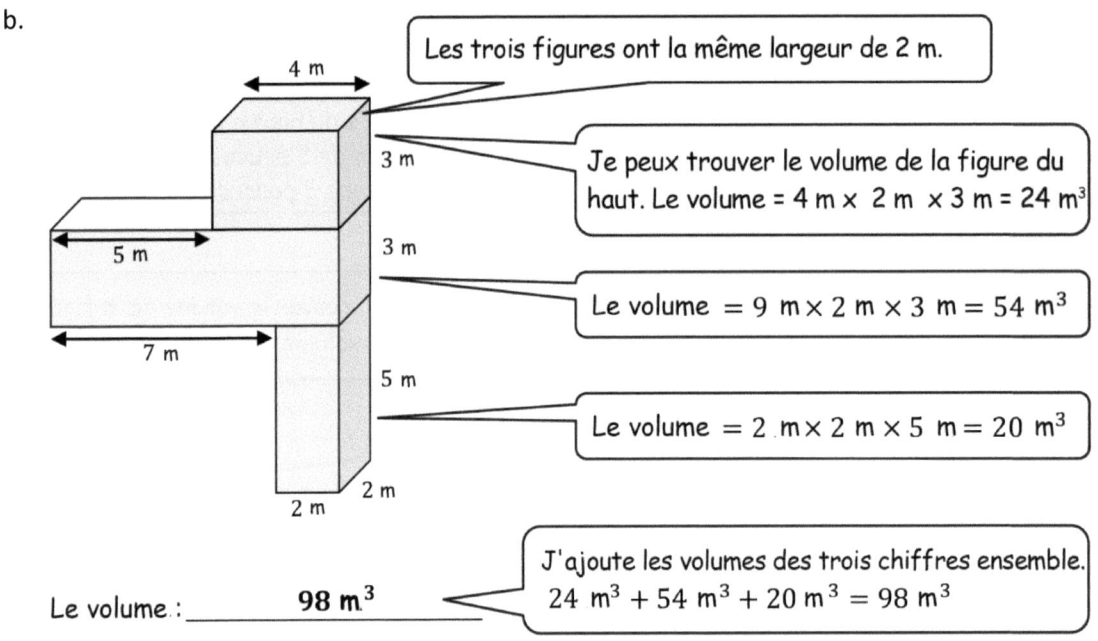

Le volume : _____ 98 m³ _____

Stratégie pour trouver la solution :

J'ai trouvé le volume de la figure du haut, 24 m³, le volume de la figure du mileu, 54 m³, et le volume de la figure du bas, 20 m³. Ensuite, j'ai ajouté les deux volumes ensemble pour obtenir un total de 98 m³.

2. Un aquarium a une surface de base de 65 cm² et est rempli d'eau jusqu'à une profondeur de 21 cm. Si la hauteur de l'aquarium est de 30 cm, combien d'eau en plus faudra-t-il pour remplir l'aquarium à ras bord ?

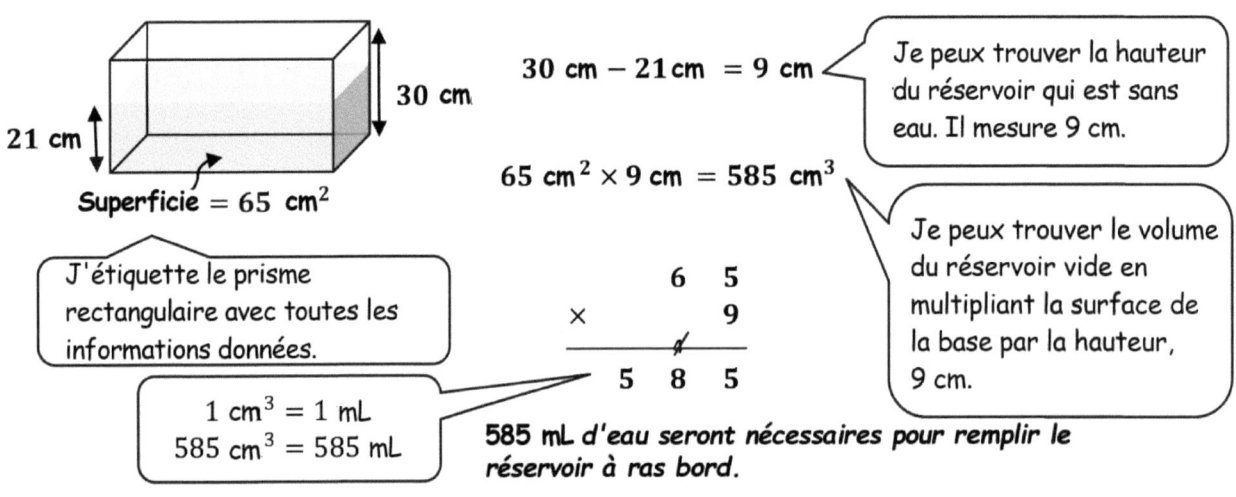

UNE HISTOIRE D'UNITÉS

Leçon 6 Devoirs 5•5

Nom _____   Date _____

1. Trouve le volume total des chiffres et enregistre ta stratégie pour trouver la solution.

   a.

   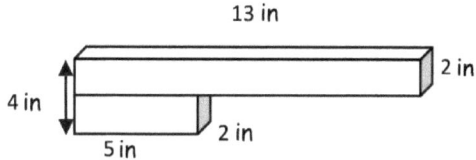

   Volume : _____

   Stratégie pour trouver la solution :

   b.

   Volume : _____

   Stratégie pour trouver la solution :

   c.

   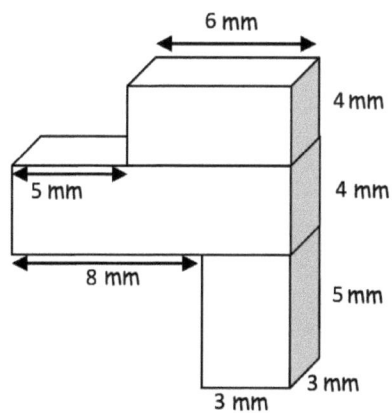

   Volume : _____

   Stratégie pour trouver la solution :

   d.

   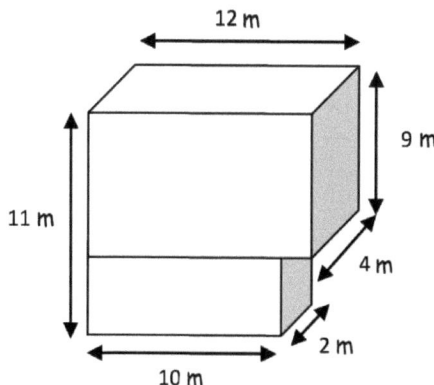

   Volume : _____

   Stratégie pour trouver la solution :

Leçon 6 : Trouver le volume total des solides composés de deux prismes rectangulaires qui ne se chevauchent pas.

25

2. La figure ci-dessous est constituée de prismes rectangulaires de deux tailles différentes. Un type de prisme mesure 3 pouces sur 6 pouces sur 14 pouces. L'autre type mesure 15 pouces sur 5 pouces sur 10 pouces. Quel est le volume total de cette figure ?

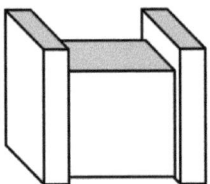

3. Le volume combiné de deux cubes identiques est de 250 centimètres cubes. Quelle est la mesure de l'arête d'un cube ?

4. Un aquarium a une surface de base de 45 cm² et est rempli d'eau jusqu'à une profondeur de 12 cm. Si la hauteur de l'aquarium est de 25 cm, combien d'eau en plus faudra-t-il pour remplir l'aquarium à ras bord ?

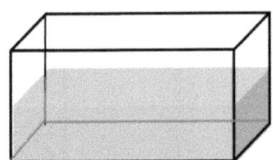

5. Trois prismes rectangulaires ont un volume combiné de 518 pieds cubes. Le prisme A a un tiers du volume du prisme B, et les prismes B et C ont un volume égal. Quel est le volume de chaque prisme ?

Edwin construit des jardinières rectangulaires.

1. La première jardinière d'Edwin mesure 6 pieds de long et 2 pieds de large. Le récipient est rempli de terre à une hauteur de 3 pieds dans la jardinière. Quel est le volume de terre dans la jardinière ? Explique ton travail en utilisant un diagramme.

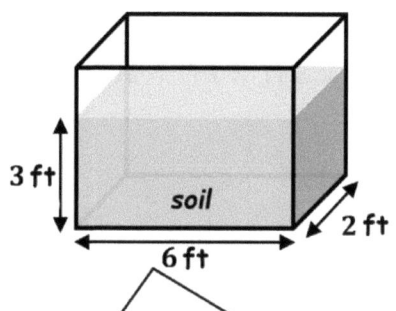

Le volume = Longueur × Largeur × La taille

$V = 6\text{ ft} \times 2\text{ ft} \times 3\text{ ft} = 36\text{ft}^3$

Le volume de sol dans le planteur est de 36 pieds cubes.

Je dessine un prisme rectangulaire et j'étiquette toutes les informations données.

Je peux multiplier la longueur, la largeur et la hauteur du sol pour trouver le volume du sol dans le planteur.

Pour avoir un volume de 50 pieds cubes, je dois penser à différents facteurs que je peux multiplier pour en obtenir 50. Le volume étant tridimensionnel, je devrai penser à 3 facteurs.

2. Edwin veut faire pousser des fleurs dans deux jardinières. Il veut que chaque jardinière ait un volume de 50 pieds cubes, mais il veut qu'elles aient une dimension différente. Montre deux manières différentes par lesquelles Edwin peut fabriquer ces jardinières et dessine des diagrammes avec les dimensions des jardinières dessus.

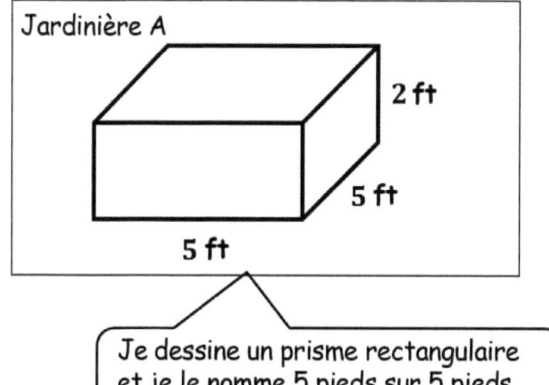

Je dois penser à 3 facteurs qui donnent un produit de 50.

Le volume = $l \times w \times h$

$V = 5\text{ ft} \times 5\text{ ft} \times 2\text{ ft} = 50\text{ft}^3$

Je dessine un prisme rectangulaire et je le nomme 5 pieds sur 5 pieds sur 2 pieds.

Je peux vérifier ma réponse en trouvant le volume pour Planter A. La réponse est de 50 pieds cubes.

UNE HISTOIRE D'UNITÉS Leçon 7 Aide aux devoirs 5•5

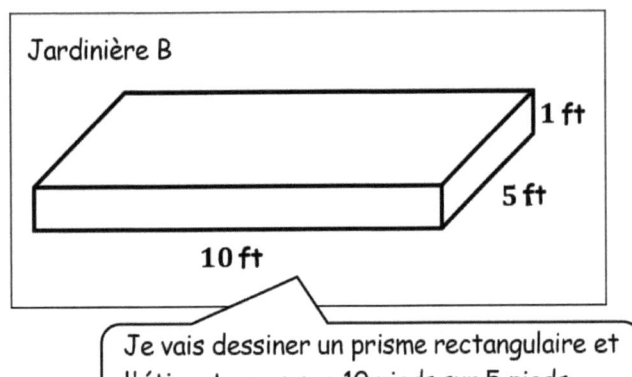

Jardinière B
1 ft
5 ft
10 ft

J'ai besoin des 3 facteurs différents pour le planteur B. $10 \times 5 \times 1 = 50$

Le volume = $l \times w \times h$
$V = 10 \text{ ft} \times 5 \text{ ft} \times 1 \text{ ft} = 50 \text{ ft}^3$

Je vais dessiner un prisme rectangulaire et l'étiqueter comme 10 pieds sur 5 pieds sur 1 pied.

Pour avoir un volume de 30 pieds cubes, je dois penser à trois facteurs qui donnent un produit de 30.

3. Edwin veut faire une jardinière qui s'étend du sol juste en dessous de sa fenêtre arrière. La fenêtre commence à 3 pieds du sol. S'il veut que la jardinière contienne 30 pieds cubes de sol, nommez une façon dont il pourrait construire la jardinière afin qu'elle ne dépasse pas 3 pieds. Explique comment tu le sais.

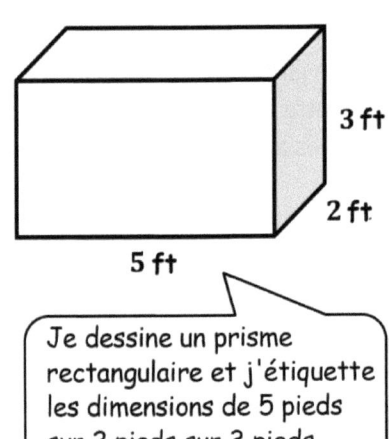

3 ft
2 ft
5 ft

Le volume est de 30 pieds cubes et l'une des dimensions ne doit pas dépasser 3 pieds. Donc, je vais garder la hauteur de 3 pieds.

$30 \text{ ft}^3 \div 3 \text{ ft} = 10 \text{ ft}^2$

Je sais déjà que le volume est de 30 pieds^3 et que la hauteur est de 3 pieds, je vais donc diviser le volume par la hauteur pour trouver la surface de la base.

$10 \text{ ft}^2 = 5 \text{ ft} \times 2 \text{ ft}$

Longueur = 5 ft
Largeur = 2 ft
La taille = 3 ft

Je dessine un prisme rectangulaire et j'étiquette les dimensions de 5 pieds sur 2 pieds sur 3 pieds.

Maintenant que je sais que la superficie de la base du planteur est de 10 ft^2, je dois penser à deux facteurs qui ont un produit de 10. 5 et 2 fonctionneront!

Étant donné qu'Edwin veut construire une jardinière d'une hauteur de 3 ft et d'un volume de 30 ft^3 la base de la jardinière doit avoir une superficie de 10 ft^2. J'ai dessiné une jardinière d'une longueur de 5 ft, d'une largeur de 2 ft, et d'une hauteur de 3 ft.

Nom _____ Date _____

Wren fabrique des cadres rectangulaires.

1. Le premier cadre de Wren mesure 6 pouces de long, 9 pouces de large et 4 pouces de haut. Quel est le volume du cadre ? Explique ton travail en utilisant un diagramme.

2. Wren veut mettre des œuvres d'art dans trois cadres. Elle sait qu'ils ont tous besoin d'un volume de 60 pouces cubes, mais elle veut qu'ils soient tous différents. Montre trois façons différentes pour Wren de créer ces cadres en dessinant des diagrammes et en étiquetant les mesures.

Boîte d'ombre A	Boîte d'ombre B
Boîte d'ombre C	

Leçon 7 : Résoudre des problèmes impliquant le volume de prismes rectangulaires avec nombres entiers comme longueurs de côtés.

3. Wren veut fabriquer une boîte pour organiser les éléments de son album. Elle a un ensemble de pochoirs de 12 pouces de large qui doit être posé à plat dans le fond de la boîte. La boîte ne doit pas non plus mesurer plus de 2 pouces de haut. Nomme une façon dont elle pourrait fabriquer une boîte d'un volume de 72 pouces cubes.

4. Après toute cette organisation, Wren décide qu'elle a également besoin de plus de stockage pour son équipement de football. Sa boîte de rangement actuelle mesure 1 pied de long sur 2 pieds de large sur pieds de haut. Elle se rend compte qu'elle doit la remplacer par une boîte de 12 pieds cubes de rangement, donc elle double la largeur.

    a. Va-t-elle atteindre son objectif si elle fait cela ? Pourquoi ou pourquoi pas ?

    b. Si elle veut garder la même hauteur, quelles pourraient être les autres dimensions d'une boîte de rangement de 12 pieds cubes ?

    c. Si elle utilise les dimensions de la partie (b), quelle est la superficie du fond de la nouvelle boîte de rangement ?

    d. Comment la zone du fond de sa nouvelle boîte de rangement a-t-elle changé ? Explique comment tu le sais.

UNE HISTOIRE D'UNITÉS Leçon 8 Aide aux devoirs 5•5

1. J'ai un prisme aux dimensions de 8 in sur 12 in sur 20 in. Calcule le volume du prisme, puis donne les dimensions de deux prismes différents qui ont chacun $\frac{1}{4}$ du volume.

> Pour trouver $\frac{1}{4}$ le volume, je peux utiliser le volume du prisme d'origine divisé par 4. $\frac{1}{4}$ de 1,920 in³ est égal à 480 in³.

	Longueur	Largeur	La taille	Le volume
Prisme original	8 in.	12 in.	20 in.	1,920 in.³

> Je multiplie les trois dimensions pour retrouver le volume d'origine.
> 8 in × 12 in × 20 in = 1,920 in³

	Longueur	Largeur	La taille	Le volume
Prism 1	2 in.	12 in.	20 in.	480 in³

> Afin de créer un volume $\frac{1}{4}$ de 1,920, je peux changer l'une des dimensions et garder les autres identiques.
> $\frac{1}{4}$ de 8 in = 2 in

> 2 in × 12 in × 20 in = 480 in³

	Longueur	Largeur	La taille	Le volume
Prism 2	8 in.	6 in.	10 in.	480 in³

> Une autre façon de créer un volume $\frac{1}{4}$ de 1,920 est de changer deux des dimensions et de garder l'autre identique.
> $\frac{1}{2}$ de 12 in = 6 in
> $\frac{1}{2}$ de 20 in = 10 in

Leçon 8 : Appliquer des concepts et des formules de volume pour concevoir une sculpture à l'aide de prismes rectangulaires dans des paramètres donnés.

Copyright © Great Minds PBC

31

> La chambre de Kayla a un volume de 800 ft³
> 10 ft × 8 ft × 10 ft = 800 ft³

> Une façon de doubler le volume est de doubler une dimension et de garder les autres identiques.

2. La chambre de Kayla a les dimensions de 10 ft sur 8 ft sur 10 ft. Son antre a la même hauteur (10 ft) mais fait le double en volume. Donne deux ensembles des dimensions possibles de l'antre et du volume de l'antre.

   Longueur : 10 ft × 2 = 20 ft

   > Je peux doubler la longueur, 10 ft × 2 = 20 ft, et garder la même largeur et la même hauteur.

   Largeur : 8 ft

   La taille : 10 ft

   Le volume = 20 ft × 8 ft × 10 ft = 1,600 ft³

   > 1,600 ft³ est le double du volume original de 800 ft³

   Longueur : 10 ft × 4 = 40 ft

   > Afin de doubler le volume, je peux également quadrupler la longueur et réduire la largeur de moitié.

   Largeur : 8 ft × $\frac{1}{2}$ = 4 ft

   La taille : 10 ft

   Le volume = 40 ft × 4 ft × 10 ft = 1,600 ft³

   > 1,600 ft³ est le double du volume original de 800 ft³

Nom _____ Date _____

1. J'ai un prisme mesurant 6 cm sur 12 cm sur 15 cm. Calcule le volume du prisme, puis donne les dimensions de trois prismes différents qui ont chacun $\frac{1}{3}$ du volume.

	Longueur	Largeur	Hauteur	Volume
Prisme original	6 cm	12 cm	15 cm	
Prisme 1				
Prisme 2				
Prisme 3				

2. La chambre de Sunni mesure 11 ft sur 10 ft sur 10 ft. Son antre a la même hauteur mais fait le double en volume. Donne deux ensembles des dimensions possibles de l'antre et du volume de l'antre.

Leçon 8 : Appliquer des concepts et des formules de volume pour concevoir une sculpture à l'aide de prismes rectangulaires dans des paramètres donnés.

Trouve trois prismes rectangulaires dans ta maison. Décris l'article que tu es en train de mesurer (par exemple, boîte de céréales, boîte de mouchoirs en papier), puis mesure chaque dimension au pouce (in) entier le plus proche et calcule son volume.

a. Prisme rectangulaire A

   Article : **boîte de céréales**

   La taille : _____12_____ pouces

   Longueur : _____8_____ pouces

   Largeur : _____3_____ pouces

   Le volume : _____288_____ Pouces cubes

   > Je vais mesurer une boîte de céréales, puis multiplier les trois dimensions pour trouver le volume.

   > Le volume = Longueur × Largeur × La taille
   > = 8 in × 3 in × 12 in
   > = 288 in^3

b. Prisme rectangulaire B

   Article : boîte à mouchoirs

   La taille : _____3_____ pouces

   Longueur : _____9_____ pouces

   Largeur : _____5_____ pouces

   Le volume : _____135_____ Pouces cubes

   > Je vais mesurer une boîte de mouchoirs, puis multiplier les trois dimensions pour trouver le volume.

   > Le volume = Longueur × Largeur × La taille
   > = 9 in × 5 in × 3 in
   > = 45 in^2 × 3 in
   > = 135 in^3

   > Le volume de la boîte à mouchoirs est de 135 pouces cubes.

Leçon 9 : Appliquer des concepts et des formules de volume pour concevoir une sculpture à l'aide de prismes rectangulaires dans des paramètres donnés.

Nom _____ Date _____

1. Trouve trois prismes rectangulaires dans ta maison. Décris l'article que tu es en train de mesurer (par exemple, boîte de céréales, boîte de mouchoirs en papier), puis mesure chaque dimension au pouce entier le plus proche et calcule son volume.

   a. Prisme rectangulaire A

   Article :

   Hauteur : _____ pouches

   Longueur : _____ pouches

   Largeur : _____ pouches

   Volume : _____ pouces cubiques

   b. Prisme rectangulaire B

   Article :

   Hauteur : _____ pouches

   Longueur : _____ pouches

   Largeur : _____ pouches

   Volume : _____ pouces cubiques

   c. Prisme rectangulaire C

   Article :

   Hauteur : _____ pouches

   Longueur : _____ pouches

   Largeur : _____ pouches

   Volume : _____ pouces cubiques

| UNE HISTOIRE D'UNITÉS | Leçon 10 Aide aux devoirs | 5•5 |

1. Alex a carrelé des rectangles en utilisant des unités carrées. Dessine les rectangles si nécessaire. Remplis les informations manquantes, puis confirme la zone en multipliant.

Rectangle A :

> Je regarde les dimensions du rectangle A, 4 unités par $2\frac{1}{2}$ unités.

Le rectangle A est

4 unités de longueur par $2\frac{1}{2}$ unité de largeur.

Superficie = __10__ unités carrées.

> Je peux dessiner un rectangle et montrer une largeur $2\frac{1}{2}$ d'unités.

2 **unités**

$\frac{1}{2}$ **unité**

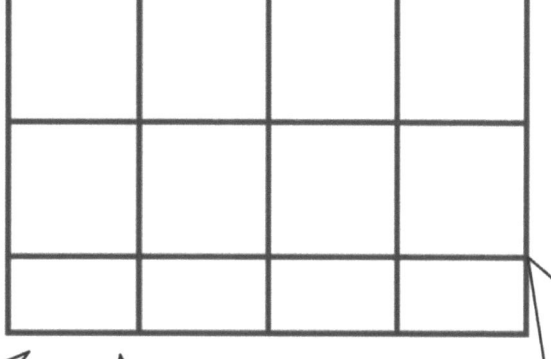

4 **unités**

> Je peux dessiner une longueur de 4 unités.

> Je peux compter les moitiés et voir qu'il y a 4 demi-unités carrées, ce qui équivaut à 2 unités carrées. Je peux me multiplier aussi.
> 4 unités $\times \frac{1}{2}$ unité = 2 unités carrées

> Je peux compter les carrés et voir qu'il y a 8 unités carrées entières. Je peux me multiplier aussi.
> 4 unités $\times$ 2 unités = 8 unités carrées

> 8 unités carrées + 2 unités carrées = 10 unités carrées

4 **unités** $\times 2\frac{1}{2}$ **unités**

> Je peux confirmer la zone en multipliant la longueur et la largeur.

$(4 \times 2) + \left(4 \times \frac{1}{2}\right)$

> L'aire du rectangle A est de 10 unités carrées.

$= 8 + \frac{4}{2}$

$= 8 + 2$

$= 10$

> Je peux utiliser le rectangle que j'ai dessiné et la propriété distributive pour m'aider à me multiplier.
> 4 unités $\times$ 2 unités = 8 unités carrées
> 4 unités $\times \frac{1}{2}$ unités = $\frac{4}{2}$ unités carrées = 2 unités carrées

Leçon 10 : Trouver la superficie des rectangles avec des longueurs de côté de nombre entier par mixte et entier par fraction en mosaïque, enregistrer avec un dessin, et relier à la multiplication de fraction.

2. Juanita a fait une mosaïque à partir de carreaux rectangulaires de différentes couleurs. Deux carreaux bleus mesurés $2\frac{1}{2}$ pouces × 3 pouces. Cinq carreaux blancs mesurés 3 pouces × $2\frac{1}{4}$ pouces. Quelle est la superficie de toute la mosaïque en pouces carrés ?

> Je peux trouver la surface d'une tuile bleue.

$2\frac{1}{2}$ in × 3 in

$(2 \times 3) + \left(\frac{1}{2} \times 3\right)$

$= 6 + \frac{3}{2}$

$= 6 + 1\frac{1}{2}$

$= 7\frac{1}{2}$

La superficie du 1 carreau bleu fait $7\frac{1}{2}$ in².

> Pour trouver la surface des deux tuiles bleues, je peux multiplier la surface par 2.

1 unité = $7\frac{1}{2}$ in²

2 unités = $2 \times 7\frac{1}{2}$ in²

$= (2 \times 7) + \left(2 \times \frac{1}{2}\right)$

$= 14 + \frac{2}{2}$

$= 14 + 1$

$= 15$

La superficie du 2 carreau bleu fait 15 in².

> Je peux trouver la surface d'une tuile blanche.

3 in × $2\frac{1}{4}$ in

$(3 \times 2) + \left(3 \times \frac{1}{4}\right)$

$= 6 + \frac{3}{4}$

$= 6\frac{3}{4}$

La superficie du 1 carreau blanc fait $6\frac{3}{4}$ in².

> Pour trouver la surface de cinq carreaux blancs, je peux multiplier la surface par 5.

1 unité = $6\frac{3}{4}$ in²

5 unités = $5 \times 6\frac{3}{4}$ in²

$= (5 \times 6) + \left(5 \times \frac{3}{4}\right)$

$= 30 + \frac{15}{4}$

$= 30 + 3\frac{3}{4}$

$= 33\frac{3}{4}$

La superficie des 5 carreaux blancs fait $33\frac{3}{4}$ in².

$33\frac{3}{4}$ in² + 15 in² = $48\frac{3}{4}$ in²

> Je peux ajouter les deux zones ensemble pour trouver la zone de la mosaïque entière.

La superficie de toute la mosaïque fait $48\frac{3}{4}$ pouces carré.

Nom _____ Date _____

1. John a carrelé des rectangles en utilisant des unités carrées. Dessine les rectangles si nécessaire. Remplis les informations manquantes, puis confirme la zone en multipliant.

   a. **Rectangle A :**

   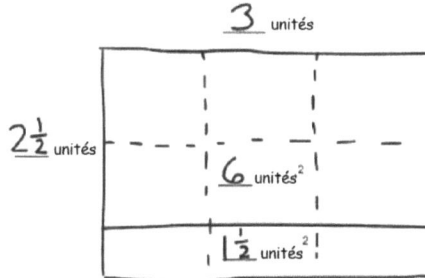

   Rectangle A fait

   __3__ unités de long __$2\frac{1}{2}$__ unités de large

   Surface = _____ unités²

   b. **Rectangle B :**

   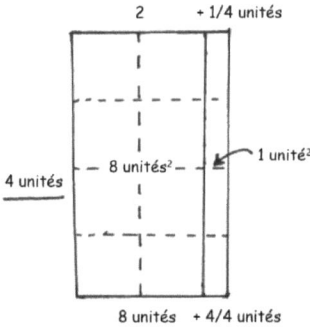

   Rectangle B fait

   _____ unités de long _____ unités de large

   Superficie = _____ unités²

   c. **Rectangle C :**

   Rectangle C fait

   __$\frac{3}{4}$__ unités de long __4__ unités de large

   Surface = _____ unités²

d. **Rectangle D :**

Rectangle D fait

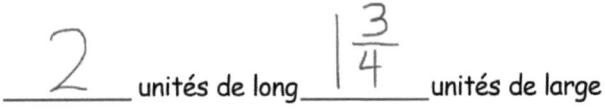

____2____ unités de long ____3/4____ unités de large

Surface = _____ unités²

2. Rachel a fait une mosaïque à partir de carreaux rectangulaires de différentes couleurs. Trois carreaux mesurés $3\frac{1}{2}$ pouces × 3 pouces. Six carreaux mesurés 4 pouces × $3\frac{1}{4}$ pouces. Quelle est la superficie de toute la mosaïque en pouces carrés ?

3. Un bac de jardin a un périmètre de $27\frac{1}{2}$ pieds. Si la longueur est de 9 pieds, quelle est la superficie du bac de jardin ?

1. Cindy a carrelé les rectangles suivants en utilisant des unités carrées. Dessine les rectangles et trouve les superficies. Puis confirme la superficie en multipliant.

    a. **Rectangle A :**

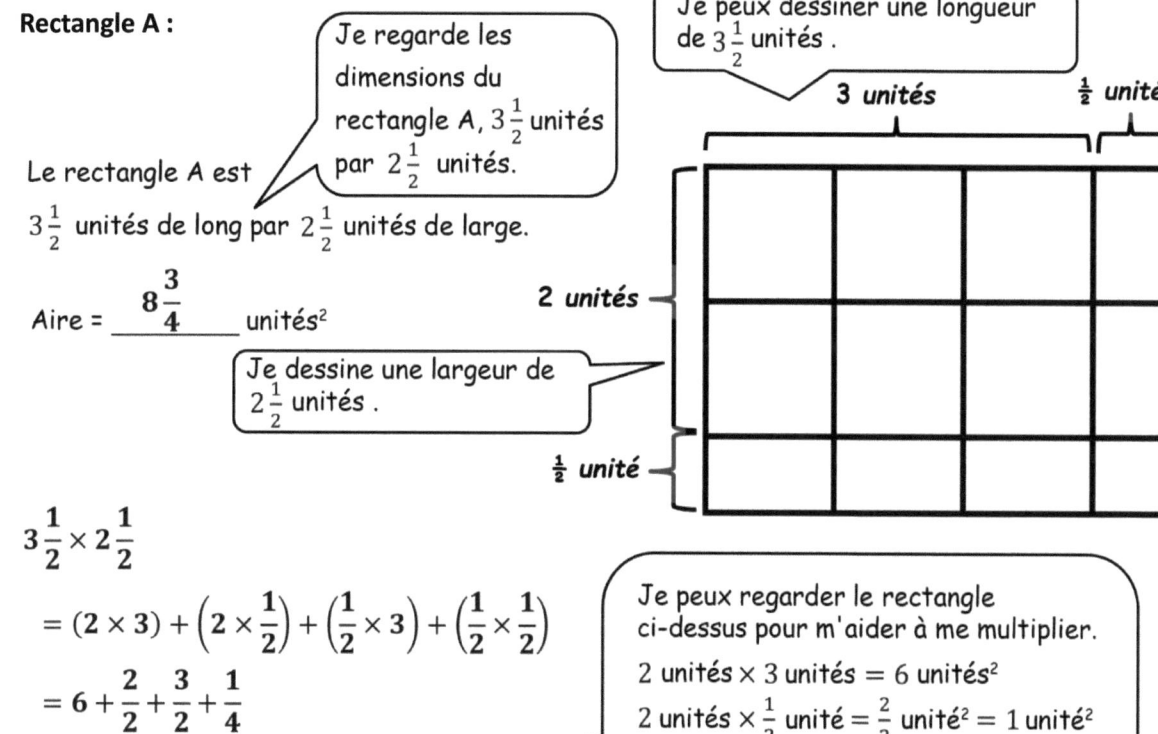

Le rectangle A est $3\frac{1}{2}$ unités de long par $2\frac{1}{2}$ unités de large.

Aire = __$8\frac{3}{4}$__ unités²

Je regarde les dimensions du rectangle A, $3\frac{1}{2}$ unités par $2\frac{1}{2}$ unités.

Je peux dessiner une longueur de $3\frac{1}{2}$ unités.

Je dessine une largeur de $2\frac{1}{2}$ unités.

$3\frac{1}{2} \times 2\frac{1}{2}$

$= (2 \times 3) + \left(2 \times \frac{1}{2}\right) + \left(\frac{1}{2} \times 3\right) + \left(\frac{1}{2} \times \frac{1}{2}\right)$

$= 6 + \frac{2}{2} + \frac{3}{2} + \frac{1}{4}$

$= 6 + 1 + 1\frac{1}{2} + \frac{1}{4}$

$= 6 + 1 + 1\frac{2}{4} + \frac{1}{4}$

$= 8\frac{3}{4}$

Je peux regarder le rectangle ci-dessus pour m'aider à me multiplier.

2 unités × 3 unités = 6 unités²

2 unités × $\frac{1}{2}$ unité = $\frac{2}{2}$ unité² = 1 unité²

$\frac{1}{2}$ unité × 3 unités = $\frac{3}{2}$ unités² = $1\frac{1}{2}$ unités²

$\frac{1}{2}$ unité × $\frac{1}{2}$ unité = $\frac{1}{4}$ unité²

Je renomme $1\frac{1}{2}$ en $1\frac{2}{4}$ pour pouvoir ajouter.

L'aire du rectangle A est de $8\frac{3}{4}$ unités carrées.

b. **Rectangle B :**

Rectangle B fait $3\frac{1}{3}$ unités de long par $\frac{3}{4}$ unités de large.

Superficie = _____$2\frac{1}{2}$_____ unités²

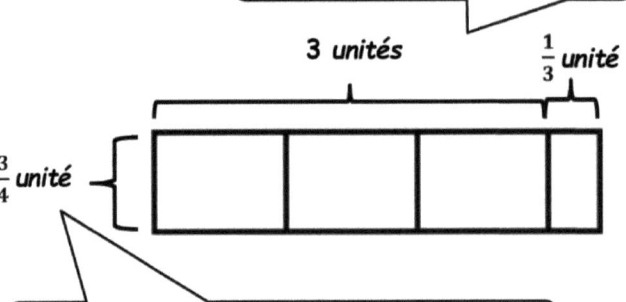

Je dessine une longueur de $3\frac{1}{3}$ unités.

Je dessine et j'étiquette la largeur comme unité $\frac{3}{4}$.

Je peux multiplier pour trouver la zone.

$3\frac{1}{3} \times \frac{3}{4}$

$= \left(\frac{3}{4} \times 3\right) + \left(\frac{3}{4} \times \frac{1}{3}\right)$

$= \frac{9}{4} + \frac{3}{12}$

$= 2\frac{1}{4} + \frac{1}{4}$

$= 2\frac{2}{4}$

$= 2\frac{1}{2}$

Je peux regarder le rectangle ci-dessus pour m'aider à me multiplier.

$\frac{3}{4}$ unité × 3 unités = $\frac{9}{4}$ unité² = $2\frac{1}{4}$ unité²

$\frac{3}{4}$ unité × $\frac{1}{3}$ unité = $\frac{3}{12}$ unité² = $\frac{1}{4}$ unité²

L'aire du rectangle B est de $2\frac{1}{2}$ unités carrées.

2. Un carré a un périmètre de 36 pouces. Quelle est la superficie du carré ?

Les quatre côtés sont égaux dans un carré.

Puisque le périmètre du carré est de 36 pouces, utilisera 36 pouces divisé par 4 pour trouver la longueur d'un côté. 36 pouces ÷ 4 = 9 pouces

Aire = ?

Périmètre = 36 in
36 in ÷ 4 = 9 in

L'zone est égale à la longueur multipliée par la largeur. Je vais multiplier 9 pouces par 9 pouces pour trouver une superficie de 81 pouces carrés.

Aire = longueur × largeur
= 9 in × 9 in
= 81 in^2

Je peux dessiner un carré et étiqueter la zone et la longueur du côté avec un point d'interrogation.

La superficie de la place est de 81 in^2.

Nom _____ Date _____

1. Kristen a carrelé les rectangles suivants en utilisant des unités carrées. Dessine les rectangles et trouve les superficies. Puis confirme la superficie en multipliant. Le rectangle A a été dessiné pour toi.

   a. **Rectangle A :**

	2 unités	$\frac{3}{4}$ unités
1 unités	2 unités²	$\frac{3}{4}$ unités²
$\frac{1}{2}$ unités	1 unités²	$\frac{3}{8}$ unités²

   Rectangle A fait

   _____ unités de long × _____ unités de large

   Superficie = _____ unités²

   b. **Rectangle B :**

   Rectangle B fait

   $2\frac{1}{2}$ unités de long × $\frac{3}{4}$ unités de large

   Superficie = _____ unités²

   c. **Rectangle C :**

   Rectangle C fait

   $3\frac{1}{3}$ unités de long × $2\frac{1}{2}$ unités de large

   Superficie = _____ unités²

d. **Rectangle D :**

Rectangle D fait

$3\frac{1}{2}$ unités de long × $2\frac{1}{4}$ unités de large

Superficie = _____ unités²

2. Un carré a un périmètre de 25 pouces (in). Quelle est la superficie du carré ?

UNE HISTOIRE D'UNITÉS — Leçon 12 Aide aux devoirs — 5•5

1. Mesure le rectangle au $\frac{1}{4}$ pouce le plus proche avec ta règle et étiquette les dimensions. Utilise le modèle de superficie pour trouver la superficie.

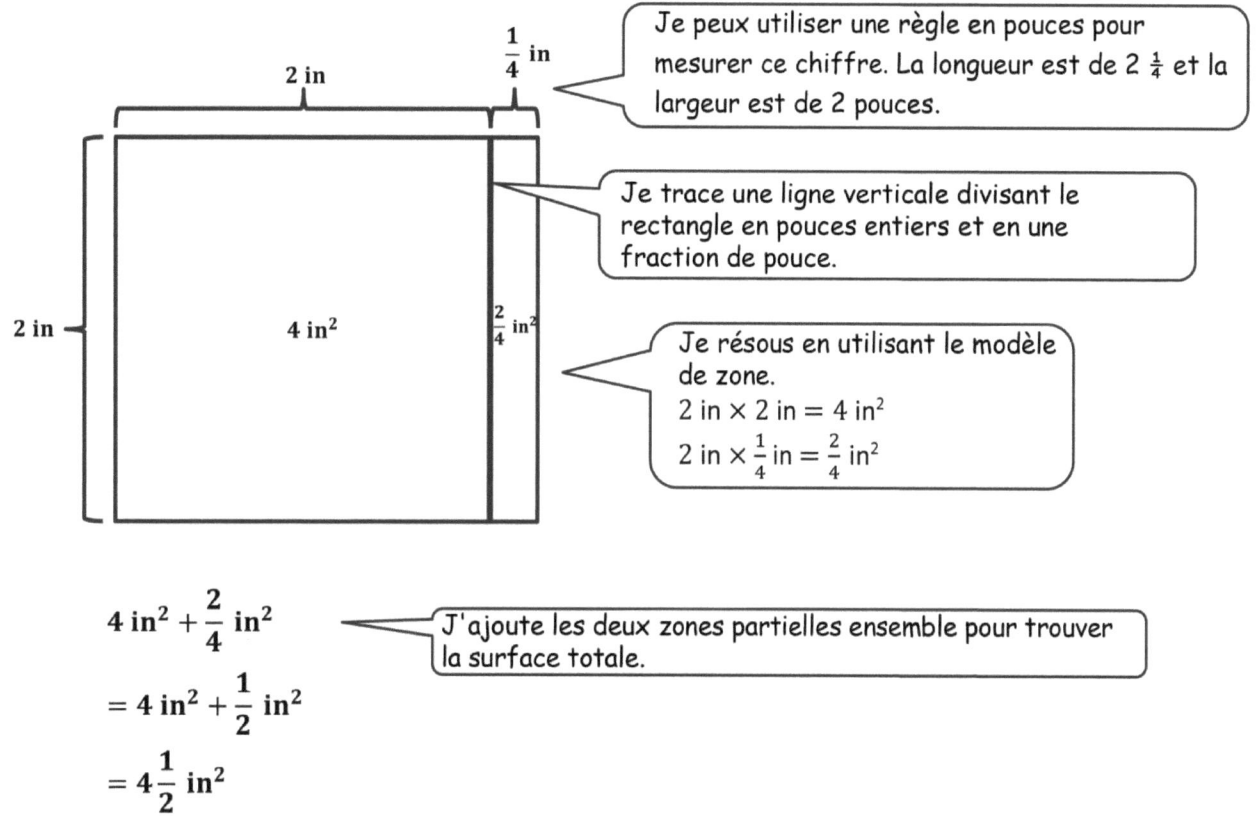

$$4 \text{ in}^2 + \frac{2}{4} \text{ in}^2$$

J'ajoute les deux zones partielles ensemble pour trouver la surface totale.

$$= 4 \text{ in}^2 + \frac{1}{2} \text{ in}^2$$

$$= 4\frac{1}{2} \text{ in}^2$$

Surface = $4\frac{1}{2}$ in²

Leçon 12 : Mesurer pour trouver la superficie des rectangles avec des longueurs de côté fractionnaires.

2. Trouve la superficie du rectangle avec les dimensions suivantes. Explique ton raisonnement en utilisant le modèle de superficie.

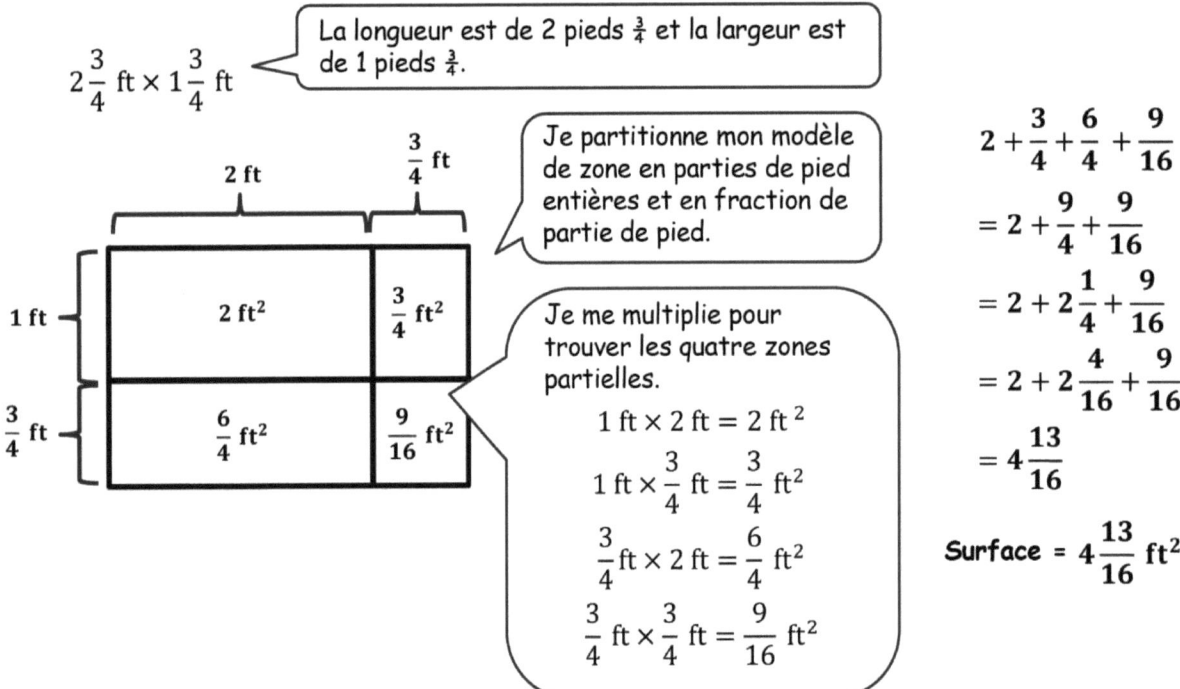

$2\frac{3}{4}$ ft × $1\frac{3}{4}$ ft

La longueur est de 2 pieds ¾ et la largeur est de 1 pieds ¾.

Je partitionne mon modèle de zone en parties de pied entières et en fraction de partie de pied.

Je me multiplie pour trouver les quatre zones partielles.

1 ft × 2 ft = 2 ft²

1 ft × $\frac{3}{4}$ ft = $\frac{3}{4}$ ft²

$\frac{3}{4}$ ft × 2 ft = $\frac{6}{4}$ ft²

$\frac{3}{4}$ ft × $\frac{3}{4}$ ft = $\frac{9}{16}$ ft²

$2 + \frac{3}{4} + \frac{6}{4} + \frac{9}{16}$

$= 2 + \frac{9}{4} + \frac{9}{16}$

$= 2 + 2\frac{1}{4} + \frac{9}{16}$

$= 2 + 2\frac{4}{16} + \frac{9}{16}$

$= 4\frac{13}{16}$

Surface = $4\frac{13}{16}$ ft²

3. Zikera met de la moquette dans sa maison. Elle veut tapisser son salon, qui mesure 12 ft × $10\frac{1}{2}$ ft. Elle veut également tapisser sa chambre, qui fait 10 ft × $7\frac{1}{2}$ ft. De combien de pieds carrés de moquette aura-t-elle besoin pour couvrir les deux pièces ?

Superficie du salon :

12 ft × $10\frac{1}{2}$ ft

$(12 \times 10) + \left(12 \times \frac{1}{2}\right)$

$= 120 + 6$

$= 126$

Surface = 126 ft²

Je trouve la surface du salon en multipliant la longueur et la largeur. C'est 126 pieds carrés.

Zone de la chambre :

10 ft × $7\frac{1}{2}$ ft

$10 \times \frac{15}{2}$

$= \frac{150}{2}$

$= 75$

Surface = 75 ft²

Je trouve la superficie de la chambre en multipliant la longueur et la largeur. C'est 75 pieds carrés.

126 ft² + 75 ft² = 201 ft²

Elle aura besoin de 201 pieds carrés de tapis pour couvrir les deux pièces.

Je combine à la fois la superficie des deux pièces pour trouver la superficie totale. Le total est de 201 pieds carrés.

Nom _____ Date _____

1. Mesure le rectangle au $\frac{1}{4}$ pouce le plus proche avec ta règle et étiquette les dimensions. Utilise le modèle de superficie pour trouver la superficie.

   a.

   b.

   c.

   d.

   e.

2. Trouve la superficie des rectangles avec les dimensions suivantes. Explique ton raisonnement en utilisant le modèle de superficie.

   a. $2\frac{1}{4}$ yd × $\frac{1}{4}$ yd

   b. $2\frac{1}{2}$ ft × $1\frac{1}{4}$ ft

3. Kelly achète une bâche pour couvrir la superficies sous sa tente. La tente mesure 4 pieds de largeur et a une superficie de 31 pieds carrés. La bâche qu'elle a achetée mesure $5\frac{1}{3}$ pieds sur $5\frac{3}{4}$ pieds. La bâche peut-elle couvrir la zone sous la tente de Kelly ? Dessine un modèle pour montrer ta pensée.

4. Shannon et Leslie veulent revêtir de la moquette une pièce de $16\frac{1}{2}$-ft sur $16\frac{1}{2}$-ft. Elles ne peuvent pas poser de la moquette sous un système de divertissement qui dépasse. (Voir le dessin ci-dessous.)

   a. En pieds carrés, quelle est la superficie de l'espace sans tapis ?

   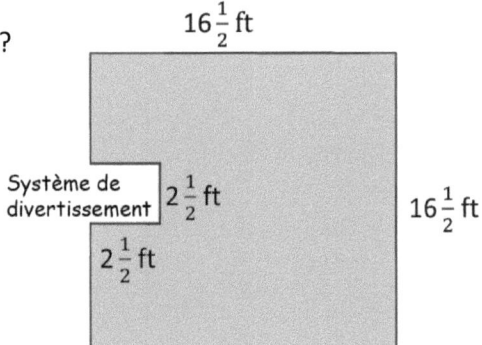

   b. Combien de pieds carrés de tapis Shannon et Leslie devront-elles acheter ?

UNE HISTOIRE D'UNITÉS | Leçon 13 Aide aux devoirs 5•5

1. Trouve la superficie des rectangles suivants. Tu peux dessiner un modèle de superficie si cela t'aide.

   a. $\frac{35}{4}$ ft × $2\frac{3}{7}$ ft

   > Je peux utiliser la multiplication pour trouver la zone.

   $$\frac{35}{4} \times \frac{17}{7}$$

   > Je peux renommer $2\frac{3}{7}$ comme une fraction supérieure à un, $\frac{17}{7}$.

   $$= \frac{\overset{5}{\cancel{35}} \times 17}{4 \times \underset{1}{\cancel{7}}}$$

   $$= \frac{5 \times 17}{4 \times 1}$$

   > 35 et 7 ont un facteur commun de 7. 35 ÷ 7 = 5 et 7 ÷ 7 = 1. Le nouveau numérateur est 5 × 17 et le dénominateur est 4 × 1.

   $$= \frac{85}{4}$$

   $$= 21\frac{1}{4}$$

   > Je peux utiliser la division pour convertir une fraction en un nombre mixte. 85 divisé par 4 est égal à $21\frac{1}{4}$.

   Surface = $21\frac{1}{4}$ ft²

   b. $4\frac{2}{3}$ m × $2\frac{3}{5}$ m

   > J'utilise le modèle de zone pour résoudre ce problème.

	4 m	$\frac{2}{3}$ m
2 m	8 m²	$\frac{4}{3}$ m² = $1\frac{1}{3}$ m²
$\frac{3}{5}$ m	$\frac{12}{5}$ m² = $2\frac{2}{5}$ m²	$\frac{6}{15}$ m²

   > Je peux multiplier pour trouver les quatre produits partiels.
   > 2 m × 4 m = 8 m²
   > 2 m × $\frac{2}{3}$ m = $\frac{4}{3}$ m² = $1\frac{1}{3}$ m²
   > $\frac{3}{5}$ m × 4 m = $\frac{12}{5}$ m² = $2\frac{2}{5}$ m²
   > $\frac{3}{5}$ m × $\frac{2}{3}$ m = $\frac{6}{15}$ m²

   > Je peux ajouter les quatre produits partiels pour trouver la zone.

   $$8 \text{ m}^2 + 1\frac{1}{3} \text{ m}^2 + 2\frac{2}{5} \text{ m}^2 + \frac{6}{15} \text{ m}^2$$

   $$= 11 \text{ m}^2 + \frac{1}{3} \text{ m}^2 + \frac{2}{5} \text{ m}^2 + \frac{6}{15} \text{ m}^2$$

   $$= 11 \text{ m}^2 + \frac{5}{15} \text{ m}^2 + \frac{6}{15} \text{ m}^2 + \frac{6}{15} \text{ m}^2$$

   $$= 11 \text{ m}^2 + \frac{17}{15} \text{ m}^2$$

   $$= 11 \text{ m}^2 + 1\frac{2}{15} \text{ m}^2$$

   $$= 12\frac{2}{15} \text{ m}^2$$

   Surface = $12\frac{2}{15}$ m²

Leçon 13 : Multiplier les facteurs numériques mixtes et relier à la propriété distributive et au modèle de superficie.

2. Meigan découpe des rectangles dans du tissu pour en faire une courtepointe. Si les rectangles mesurent $4\frac{3}{4}$ pouces de long et $2\frac{1}{2}$ pouces de large, quelle est l'aire de cinq de ces rectangles ?

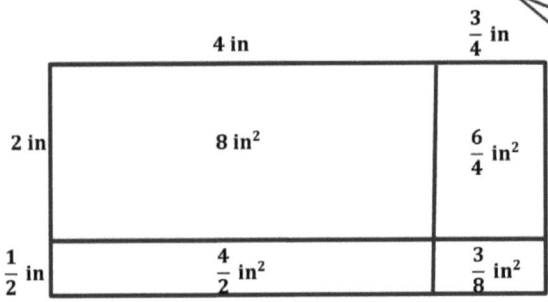

Je peux trouver l'aire d'un rectangle, puis multiplier par 5 pour trouver l'aire totale de 5 rectangles.

Je dessine un modèle d'aire pour aider à résoudre l'aire d'un rectangle.

Je peux additionner les quatre produits partiels. L'aire d'un rectangle est de $11\frac{7}{8}$ pouces carrés.

$$4\frac{3}{4} \times 2\frac{1}{2}$$
$$= (4 \times 2) + \left(4 \times \frac{1}{2}\right) + \left(\frac{3}{4} \times 2\right) + \left(\frac{3}{4} \times \frac{1}{2}\right)$$
$$= 8 + \frac{4}{2} + \frac{6}{4} + \frac{3}{8}$$
$$= 8 + 2 + 1\frac{2}{4} + \frac{3}{8}$$
$$= 11 + \frac{4}{8} + \frac{3}{8}$$
$$= 11\frac{7}{8}$$

$$1 \text{ unité} = 11\frac{7}{8} \text{ in}^2$$
$$5 \text{ unités} = 5 \times 11\frac{7}{8} \text{ in}^2$$

L'aire de 1 rectangle ou 1 unité est égale à 11 pouces carrés. Je peux multiplier par 5 pour trouver l'aire de 5 rectangles ou 5 unités.

$$(5 \times 11) + \left(5 \times \frac{7}{8}\right)$$
$$= 55 + \frac{35}{8}$$
$$= 55 + 4\frac{3}{8}$$
$$= 59\frac{3}{8}$$

La superficie de cinq rectangles est de $59\frac{3}{8}$ pouces carrés.

Nom _____ Date _____

1. Trouve la superficie des rectangles suivants. Tu peux dessiner un modèle de superficie si cela t'aide.

   a. $\frac{8}{3}$ cm × $\frac{24}{4}$ cm

   b. $\frac{32}{5}$ ft × $3\frac{3}{8}$ ft

   c. $5\frac{4}{6}$ in × $4\frac{3}{5}$ in

   d. $\frac{5}{7}$ m × $6\frac{3}{5}$ m

2. Chris fabrique le dessus d'une table à partir de quelques carreaux restants. Il a 9 tuiles qui mesurent $3\frac{1}{8}$ pouces de long et $2\frac{3}{4}$ pouces de large. Quelle est la plus grande surface qu'il peut couvrir avec ces carreaux ?

Leçon 13 : Multiplier les facteurs numériques mixtes et relier à la propriété distributive et au modèle de superficie.

3. Un hôtel recouvre une partie du lobby. La moquette recouvre la partie du sol comme illustré ci-dessous en gris. Combien de pieds carrés de moquette seront nécessaires ?

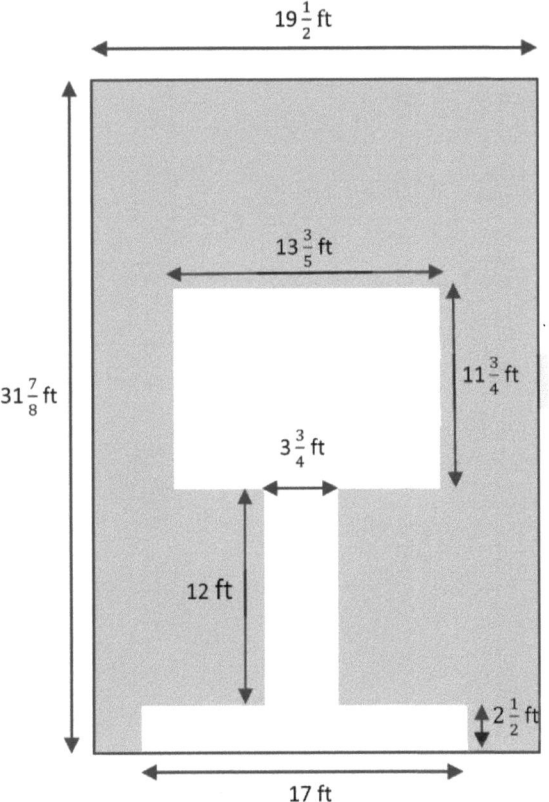

UNE HISTOIRE D'UNITÉS   Leçon 14 Aide aux devoirs   5•5

1. Sam a décidé de peindre un mur avec deux fenêtres. Les zones grises ci-dessous montrent où se trouvent les fenêtres. Les fenêtres ne seront pas peintes. Les deux fenêtres sont des rectangles de $2\frac{1}{2}$ ft sur $4\frac{1}{2}$ ft. Trouvez la superficie que la peinture doit couvrir.

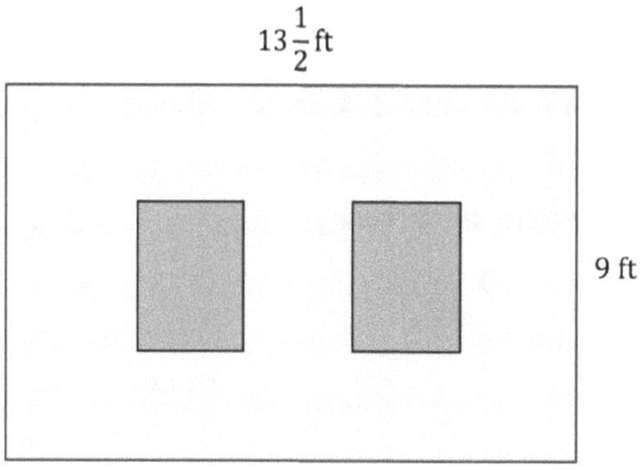

> Je peux soustraire la zone des deux fenêtres de la zone du mur pour trouver la zone que la peinture doit couvrir.

Superficie de 1 fenêtres :

$2\frac{1}{2}$ ft $\times 4\frac{1}{2}$ ft

$\frac{5}{2} \times \frac{9}{2}$

$= \frac{45}{4}$

$= 11\frac{1}{4}$

> La superficie d'une fenêtre est de $11\frac{1}{4}$ ft².

Surface = $11\frac{1}{4}$ ft²

Zone du mur :

$13\frac{1}{2}$ ft $\times 9$ ft

$(13 \times 9) + \left(\frac{1}{2} \times 9\right)$

$= 117 + \frac{9}{2}$

$= 117 + 4\frac{1}{2}$

$= 121\frac{1}{2}$

Surface = $121\frac{1}{2}$ ft²

$13\frac{1}{2}$ ft

9 ft

Superficie de 2 fenêtres :

1 unit = $11\frac{1}{4}$ ft²

2 units = $2 \times 11\frac{1}{4}$ ft²

$(2 \times 11) + \left(2 \times \frac{1}{4}\right)$

$= 22 + \frac{2}{4}$

$= 22\frac{1}{2}$

> Je peux doubler la surface d'une fenêtre pour trouver la surface de 2 fenêtres. La superficie totale est de $22\frac{1}{2}$ ft².

Surface = $22\frac{1}{2}$ ft²

> Je peux soustraire la surface des 2 fenêtres de la surface du mur.

$121\frac{1}{2}$ ft² $- 22\frac{1}{2}$ ft² $= 99$ ft²

La peinture doit couvrir 99 pieds carrés.

Leçon 14 : Résoudre des problèmes de la vie réelle impliquant des superficies de figures avec des longueurs de côté fractionnaires à l'aide de modèles visuels et/ou d'équations.

2. Mason utilise des carrés, dont certains qu'il coupe en deux, pour faire la figure ci-dessous. Si chaque carré a une longueur de côté en $3\frac{1}{2}$ pouces, quelle est la superficie totale de la figure ?

Total tuiles :

7 tuiles entières + 6 demi tuiles = 10 tuiles

> Je peux compter les tuiles sur la figure. Il y a un total de 10 tuiles.

Superficie de 1 tuile :

$3\frac{1}{2}$ in $\times$ $3\frac{1}{2}$ in

$\frac{7}{2} \times \frac{7}{2}$

$= \frac{49}{4}$

$= 12\frac{1}{4}$

> Je peux trouver la superficie d'une tuile carrée. $3\frac{1}{2}$ in $\times$ $3\frac{1}{2}$ in $= 12\frac{1}{4}$ in².

Surface = $12\frac{1}{4}$ in²

Superficie de 10 tuiles :

> Pour trouver la surface de 10 tuiles, je peux multiplier la surface de 1 tuile par 10.

1 unité = $12\frac{1}{4}$ in²

10 unités = $10 \times 12\frac{1}{4}$ in²

$(10 \times 12) + \left(10 \times \frac{1}{4}\right)$

$= 120 + \frac{10}{4}$

$= 120 + 2\frac{2}{4}$

$= 122\frac{1}{2}$

La superficie de la figure fait $122\frac{1}{2}$ pouces carrés.

Nom _____ Date _____

1. M. Albano veut peindre des menus sur le mur de son café avec de la peinture pour tableau noir. La zone grise dessous montre où seront les menus rectangulaires. Chaque menu mesurera 6 ft de large et $7\frac{1}{2}$ ft de haut.

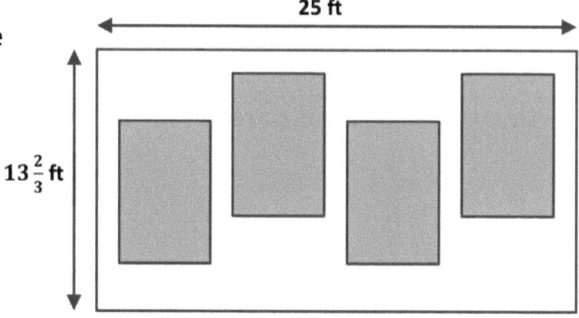

- Combien de pieds carrés d'espace de menu aura M. Albano ?

- Quelle est la superficie de l'espace mural qui n'est pas couverte par la peinture pour tableau noir ?

2. M. Albano veut poser des carreaux en forme de dinosaure à l'entrée principale. Il devra couper quelques carreaux en deux pour faire la figure. Si chaque carré est en $4\frac{1}{4}$ pouces de chaque côté, quelle est la superficie totale du dinosaure ?

UNE HISTOIRE D'UNITÉS   Leçon 14 Devoirs   5•5

3. A-Plus Glass fabrique des fenêtres pour une nouvelle maison en construction. La boîte montre la liste des tailles qu'ils doivent réaliser.

> **15 fenêtres** $4\frac{3}{4}$ ft de long et $3\frac{3}{5}$ ft de large
>
> **7 fenêtres** $2\frac{4}{5}$ ft de large et $6\frac{1}{2}$ ft de long

De combien de pieds carrés de verre auront-ils besoin ?

4. M. Johnson doit acheter des semences pour sa pelouse.

- Si la pelouse se mesure $40\frac{4}{5}$ ft par $50\frac{7}{8}$ ft, de combien de pieds carrés de semences aura-t-il besoin pour couvrir toute la superficie ?

- Un sac de semences couvrira 500 pieds carrés s'il règle son distributeur de semences à son réglage le plus élevé et 300 pieds carrés s'il règle l'épandeur à son réglage le plus bas. De combien de sacs de semences aura-t-il besoin s'il utilise le réglage le plus élevé ? Le réglage le plus bas ?

UNE HISTOIRE D'UNITÉS — Leçon 15 Aide aux devoirs — 5•5

1. La longueur d'un parterre de fleurs est 3 fois plus longue que sa largeur. Si la **largeur** est de $\frac{4}{5}$ mètre, quelle est la superficie du parterre de fleurs ?

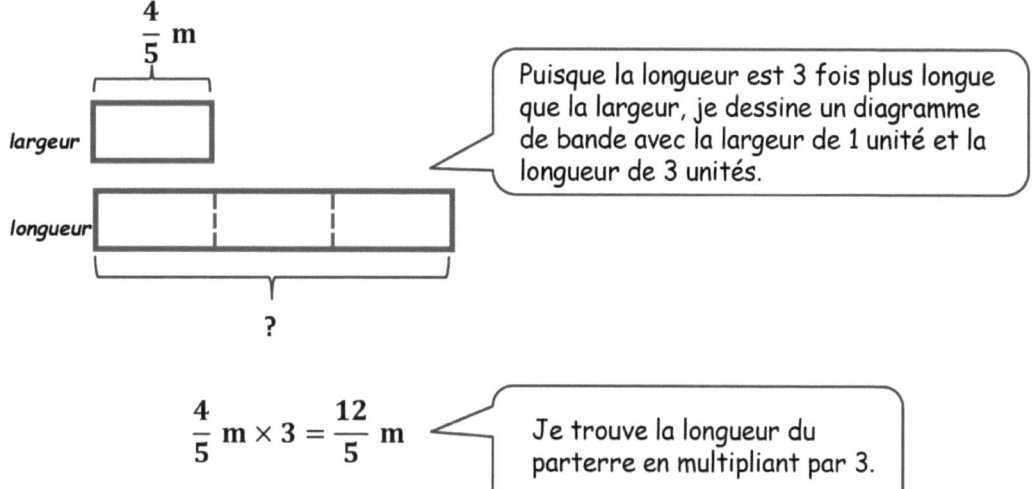

$$\frac{4}{5} \text{ m} \times 3 = \frac{12}{5} \text{ m}$$

Je trouve la longueur du parterre en multipliant par 3.

Aire = longueur × largeur
$$= \frac{12}{5} \text{ m} \times \frac{4}{5} \text{ m}$$
$$= \frac{48}{25} \text{ m}^2$$
$$= 1\frac{23}{25} \text{ m}^2$$

Je trouve la surface du parterre en multipliant la longueur par la largeur.

La superficie du parterre est de $1\frac{23}{25}$ mètres carrés.

Leçon 15 : Résoudre des problèmes de la vie réelle impliquant des superficies de figures avec des longueurs de côté fractionnaires à l'aide de modèles visuels et/ou d'équations.

2. Mme Tran cultive des herbes dans des parcelles carrées. Sa parcelle de romarin mesure $\frac{5}{6}$ yd de chaque côté.

   a. Trouve la superficie totale de la parcelle de romarin.

   Aire = longueur × largeur
   $= \frac{5}{6}$ yd $\times \frac{5}{6}$ yd
   $= \frac{25}{36}$ yd²

   > Je multiplie la longueur par la largeur pour trouver la surface de la parcelle de romarin.

   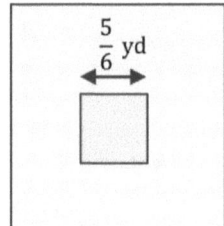

   La superficie totale de la parcelle de romarin fait $\frac{25}{36}$ yards carrés.

   b. Mme Tran met une clôture autour du romarin. Si la clôture est à 2 pieds du bord du jardin de chaque côté, quel est le périmètre de la clôture?

   $\frac{5}{6}$ yd $= \frac{5}{6} \times 1$ yd
   $= \frac{5}{6} \times 3$ ft
   $= \frac{15}{6}$ ft
   $= 2\frac{3}{6}$ ft
   $= 2\frac{1}{2}$ ft

   > Je remarque que l'unité ici est en pieds, mais la zone que j'ai trouvée à partir de la partie (a) ci-dessus était en mètres.

   > Je convertis le mètre $\frac{5}{6}$ en pieds. La longueur de la parcelle de romarin est de $2\frac{1}{2}$ pieds et demi.

   Un côté de la clôture :

   $2\frac{1}{2}$ ft $+ 4$ ft $= 6\frac{1}{2}$ ft

   > Je trouve maintenant la longueur d'un côté de la clôture. Puisque la clôture est à 2 pieds du bord du jardin de chaque côté, j'ajoute 4 pieds au côté de la parcelle de romarin, soit $2\frac{1}{2}$ pieds. Chaque côté de la clôture mesure $6\frac{1}{2}$ pieds de long.

   Périmètre de la clôture :

   $6\frac{1}{2}$ ft $\times 4$

   > Je multiplie un côté de la clôture, $6\frac{1}{2}$ pieds et demi, par 4 pour trouver le périmètre.

   $= (6$ ft $\times 4) + \left(\frac{1}{2}\text{ ft} \times 4\right)$
   $= 24$ ft $+ \frac{4}{2}$ ft
   $= 24$ ft $+ 2$ ft
   $= 26$ ft

   Le périmètre de la clôture est de 26 pieds.

Nom _____   Date _____

1. La largeur d'une table de pique-nique est de 3 fois sa longueur. Si la longueur est de $\frac{5}{6}$-yd, quelle est la superficie de la table de pique-nique en pieds carrés ?

2. Une entreprise de peinture peindra ce mur d'un bâtiment. Le propriétaire leur donne les dimensions suivantes :

    La fenêtre A mesure $6\frac{1}{4}$ ft × $5\frac{3}{4}$ ft.

    La fenêtre B mesure $3\frac{1}{8}$ ft × 4 ft.

    La fenêtre C mesure $9\frac{1}{2}$ ft².

    La porte D mesure 4 ft × 8 ft.

    Quelle est la superficie de la partie peinte du mur ?

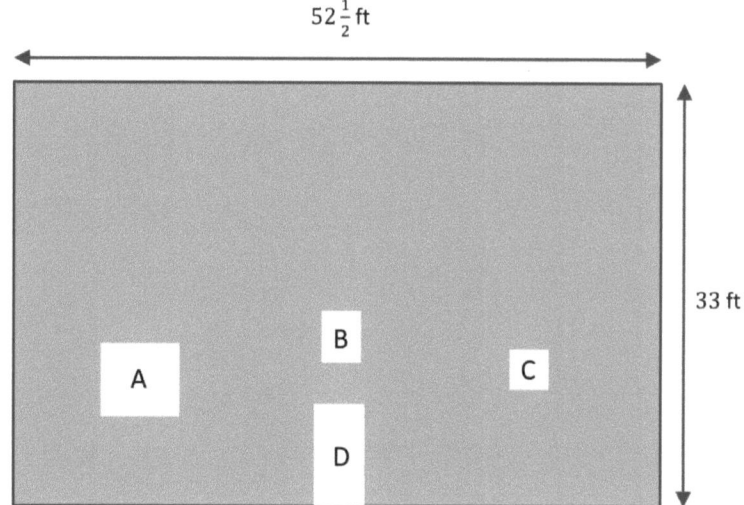

3. Une pièce décorative en bois est composée de quatre rectangles comme indiqué à droite. Le plus petit rectangle mesure $4\frac{1}{2}$ pouces par $7\frac{3}{4}$ pouces. Si $2\frac{1}{4}$ pouces sont ajoutés à chaque dimension à mesure que les rectangles s'agrandissent, quelle est la superficie totale de la pièce entière ?

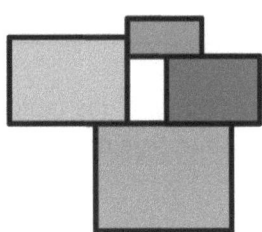

1. Comment s'appellent les polygones à quatre côtés ?

   Quadrilatères

   > Je sais que le préfixe « quad » signifie « quatre ».

2. Quels sont les attributs des trapèzes ?

   - **Ce sont des quadrilatères.**

   > Je sais que certains trapèzes avec des attributs plus spécifiques sont communément appelés parallélogrammes, rectangles, carrés, losanges et cerfs-volants. Mais TOUS les trapèzes sont des quadrilatères avec au moins un ensemble de côtés opposés parallèles.

   - **Ils ont au moins un ensemble de côtés opposés parallèles.**

   > Je sais que certains trapèzes n'ont que des angles droits (90 °), certains ont deux angles aigus (moins de 90 °) et deux angles obtus (plus de 90 ° mais moins de 180 °), et certains ont une combinaison de droit, d'aigu, et angles obtus.

3. Utilise une règle et le papier quadrillé pour dessiner

   a. Un trapèze à 2 côtés de même longueur.

   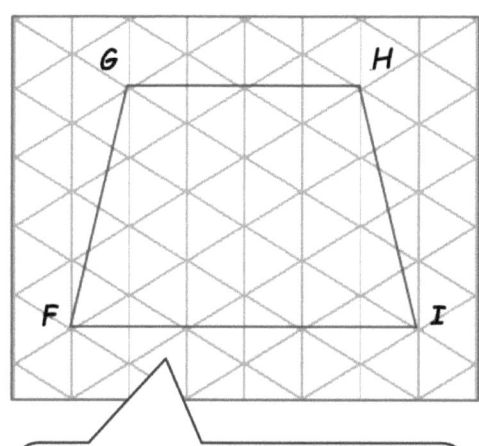

   > Puisque ce trapèze a 2 côtés d'égale longueur ($\overline{FG}$ et $\overline{HI}$), on l'appelle un trapèze isocèle.

   b. Un trapèze sans côtés d'égale longueur.

   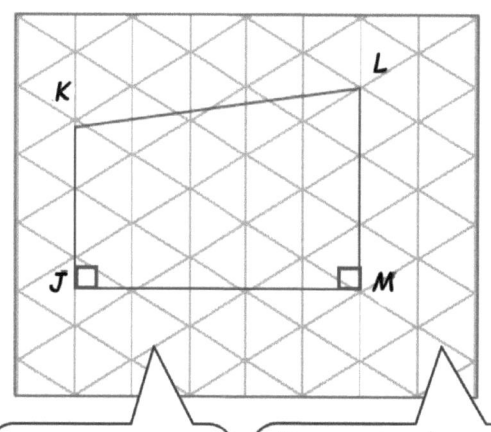

   > ∠J et ∠M sont des angles droits et mesurent 90 °.

   > Dans ce trapèze, aucun des côtés n'est égal en longueur.

Leçon 16 : Dessiner des trapèzes pour clarifier leurs attributs, et définir les trapèzes en fonction de ces attributs.

Nom _____ Date _____

1. Utilise une règle et le papier quadrillé pour dessiner :

   a. Un trapèze avec exactement 2 angles droits.
   b. Un trapèze avec aucun angle droit.

2. Kaplan a mal trié certains quadrilatères en trapèzes et non-trapèzes, comme illustré ci-dessous.

   a. Entoure les formes qui sont dans le mauvais groupe et dis pourquoi elles ne sont pas triées correctement.

Trapèzes	Non-Trapèzes
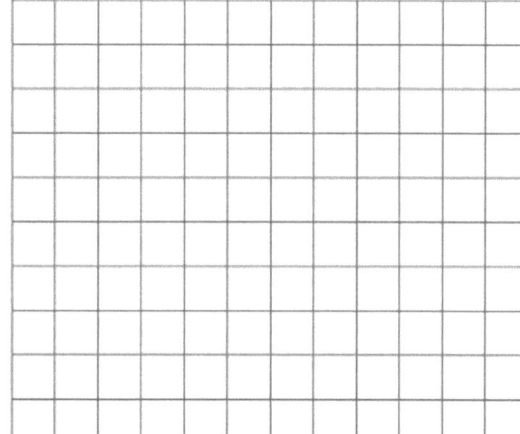	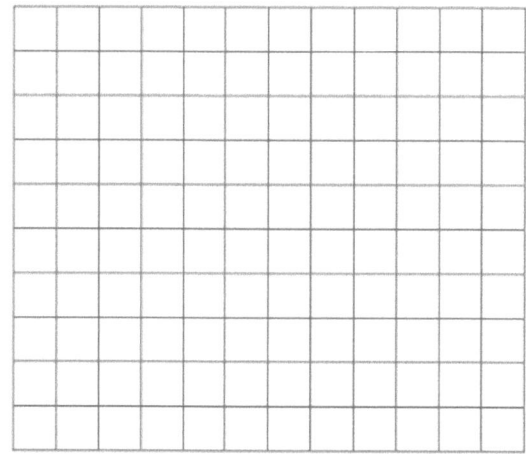

   b. Explique quels outils il faudrait utiliser pour vérifier l'emplacement de tous les trapèzes.

3. a. Utilise une règle pour dessiner un trapèze isocèle sur le papier quadrillé.

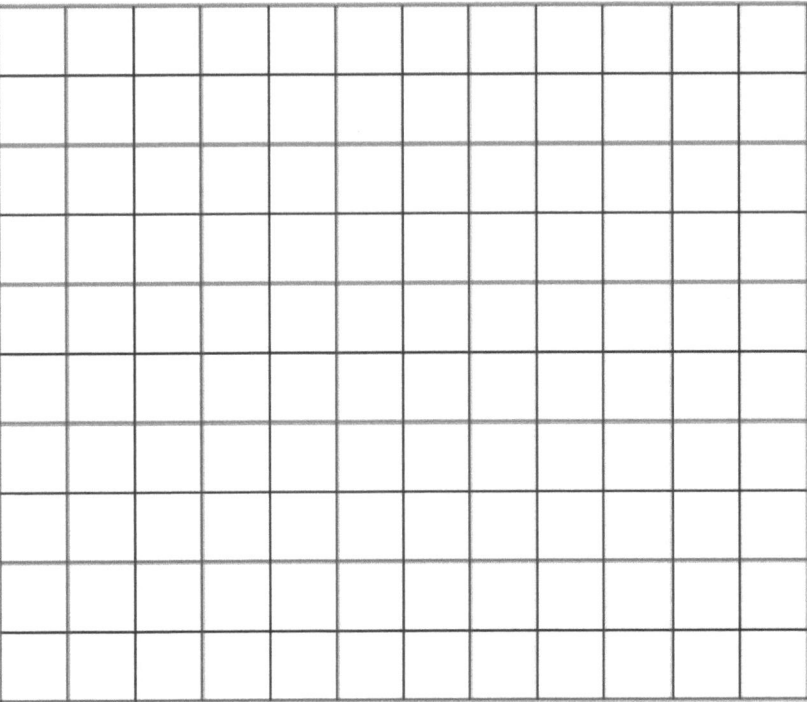

b. Pourquoi cette forme s'appelle-t-elle un trapèze isocèle ?

1. Entoure tous les mots qui pourraient être utilisés pour nommer la figure ci-dessous.

(parallélogramme)   triangle   (quadrilatère)   (trapèze)   carré

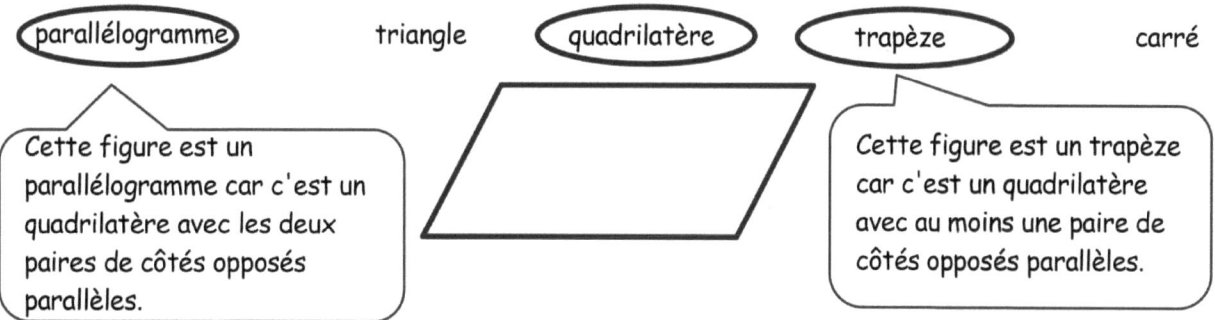

Cette figure est un parallélogramme car c'est un quadrilatère avec les deux paires de côtés opposés parallèles.

Cette figure est un trapèze car c'est un quadrilatère avec au moins une paire de côtés opposés parallèles.

2. HIJK est un parallélogramme non dessiné à l'échelle.

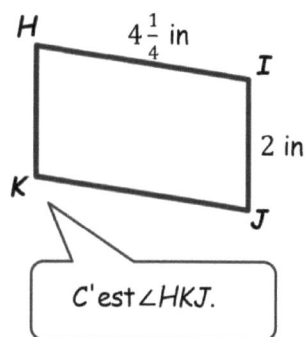

   a. En utilisant ce que tu sais sur les parallélogrammes, donne les longueurs de $\overline{KJ}$ et $\overline{HK}$.

   $KJ =$ __$4\frac{1}{4}$ in__ $HK =$ __2 in__

   Je sais que les côtés opposés d'un parallélogramme ont la même longueur. HI = KJ.

   C'est ∠HKJ.

   b. ∠HKJ = 99° Utilise ce que tu sais sur les angles dans un parallélogramme pour trouver la mesure des autres angles.

   Je sais que les angles opposés d'un parallélogramme sont égaux en mesure.

   ∠IHK = __81__°   ∠JIH = __99__°   ∠KJI = __81__°

   Je sais que les angles qui sont côte à côte, ou adjacents, s'additionnent à 180°.
   180° − 99° = 81°

3. $PQRS$ est un parallélogramme non dessiné à l'échelle. $PR = 10$ mm et $MS = 4.5$ mm. Donne les longueurs des segments suivants :

   $PM =$ __5 mm__ $QS =$ __9 mm__

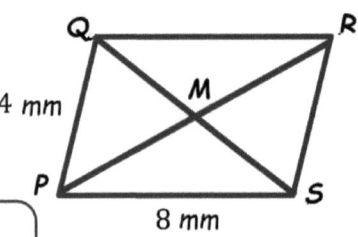

Je sais que les diagonales d'un parallélogramme se coupent en deux ou se coupent en deux parties égales. Ainsi, la longueur de $\overline{PM}$ est égale à la moitié de la longueur de $\overline{PR}$.

Nom _____ Date _____

1. ∠A mesure 60°.

   a. Agrandis les rayons de ∠A, et trace le parallélogramme ABCD sur le papier quadrillé.

   b. Quelles sont les mesures de ∠B, ∠C, et ∠D ?

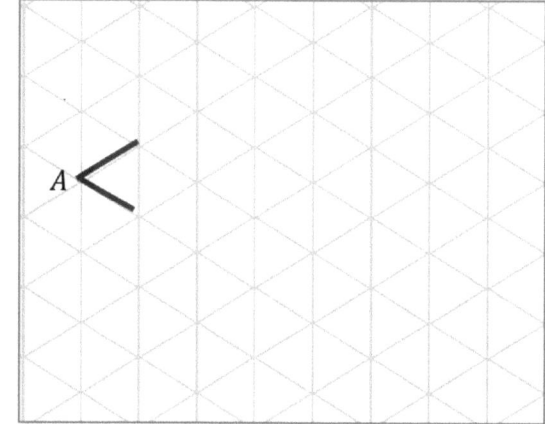

2. WXYZ est un parallélogramme non dessiné à l'échelle.

   a. En utilisant ce que tu sais sur les parallélogrammes, donne les longueurs des cotés XY et YZ.

   b. ∠WXY = 113°. Utilise ce que tu sais sur les angles dans un parallélogramme pour trouver la mesure des autres angles.

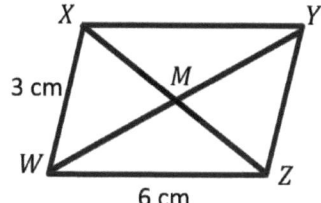

   ∠XYZ = _____ °   ∠YZW = _____ °   ∠ZWX = _____ °

3. Jack a mesuré certains segments dans le Problème 2. Il a trouvé que $\overline{WY}$ = 8 cm et $\overline{MZ}$ = 3 cm.

   Donne les longueurs des segments suivants :

   WM = _____ cm   MY = _____ cm

   XM = _____ cm   XZ = _____ cm

4. En utilisant les propriétés des formes, explique pourquoi tous les parallélogrammes sont des trapèzes.

5. Teresa dit que parce que les diagonales d'un parallélogramme se coupent en deux, si une diagonale fait 4.2 cm, l'autre diagonale doit faire la moitié de cette longueur. Utilise des mots et des images pour expliquer l'erreur de Teresa.

1. Quelle est la définition d'un losange ? Dessine un exemple.

   Un losange est un quadrilatère (une forme avec 4 côtés) avec tous les côtés égaux en longueur.
   Un exemple de losange ressemble à ceci :

   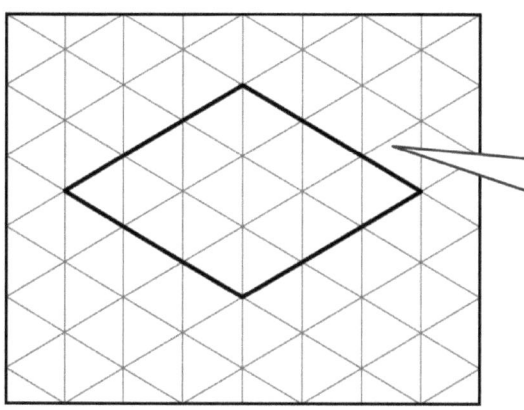

   Mon losange ressemble à un diamant, mais j'aurais pu le dessiner autrement. Tant qu'il s'agit d'un quadrilatère à 4 côtés d'égale longueur, c'est un losange.

2. Quelle est la définition d'un rectangle ? Dessine un exemple.

   Un rectangle est un quadrilatère qui a quatre angles droits (90 degrés).

   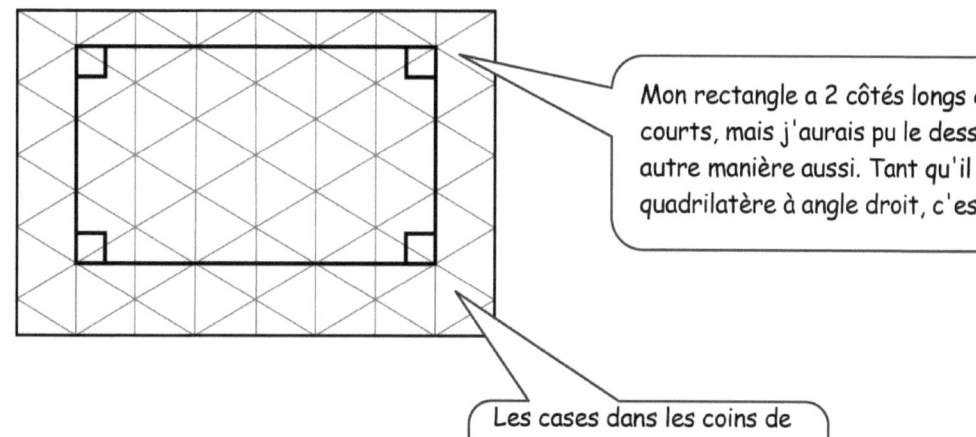

   Mon rectangle a 2 côtés longs et 2 côtés courts, mais j'aurais pu le dessiner d'une autre manière aussi. Tant qu'il s'agit d'un quadrilatère à angle droit, c'est un rectangle.

   Les cases dans les coins de mon rectangle montrent que tous les angles sont de 90 degrés.

Nom _____ Date _____

1. Utilise le papier quadrillé pour dessiner.

   a. Un losange avec aucun angle droit

   b. Un losange à quatre angles droits

   c. Un rectangle dont tous les côtés ne sont pas égaux

   d. Un rectangle dont tous les côtés sont égaux

UNE HISTOIRE D'UNITÉS Leçon 18 Devoirs 5•5

2. Un losange a un périmètre de 217 cm. Quelle est la longueur de chaque côté du losange ?

3. Liste les caractéristiques que tous les losanges partagent.

4. Liste les caractéristiques que tous les rectangles partagent.

1. Quels sont les attributs d'un carré ? Dessine un exemple.

   Les attributs d'un carré sont
   - *Quatre côtés de longueur égale (identique à un losange)*
   - *Quatre angles droits (identique à un rectangle)*
   - *Un carré est un type de losange et un type de rectangle !*

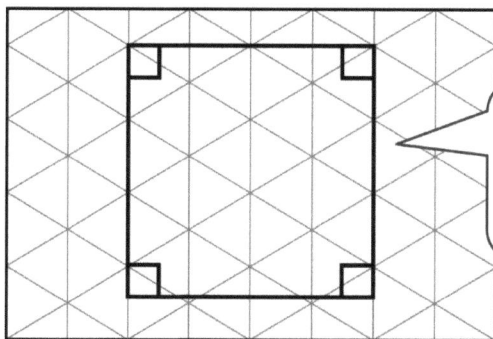

Ceci est un carré.
C'est aussi un losange car il a 4 côtés d'égale longueur,
c'est aussi un rectangle car il a 4 angles droits.

2. Quels sont les attributs d'un cerf-volant ? Dessine un exemple.

   Les attributs d'un cerf-volant sont
   - *Un quadrilatère dans lequel 2 côtés consécutifs (côte à côte) sont égaux en longueur.*
   - *Les 2 autres longueurs de côté sont également égales l'une à l'autre.*

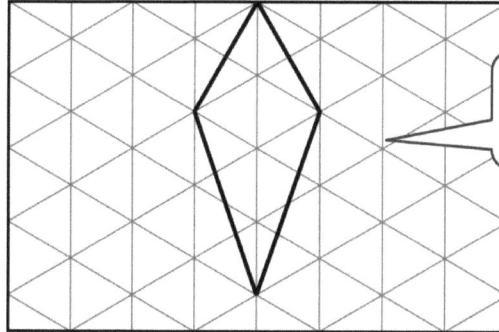

Les 2 côtés du «haut» sont de longueur égale et les 2 côtés du «bas» sont de longueur égale.

3. Le cerf-volant que tu as dessiné dans le Problème 2 est-il un parallélogramme ? Pourquoi ou pourquoi pas?

Non, le cerf-volant que j'ai dessiné n'est pas un parallélogramme. Un parallélogramme doit avoir les deux paires de côtés opposés parallèles. Il n'y a pas de côtés parallèles dans mon cerf-volant. La seule fois où un cerf-volant est un parallélogramme, c'est quand le cerf-volant est un carré ou un losange.

Nom _____ Date _____

1. a. Dessine un cerf-volant qui n'est pas un parallélogramme sur le papier quadrillé.

   b. Liste toutes les caractéristiques d'un cerf-volant.

   c. Quand un parallélogramme peut-il aussi être un cerf-volant ?

2. Si les rectangles doivent avoir des angles droits, explique comment un losange peut également être appelé rectangle.

3. Dessine un losange qui est également un rectangle sur le papier quadrillé.

   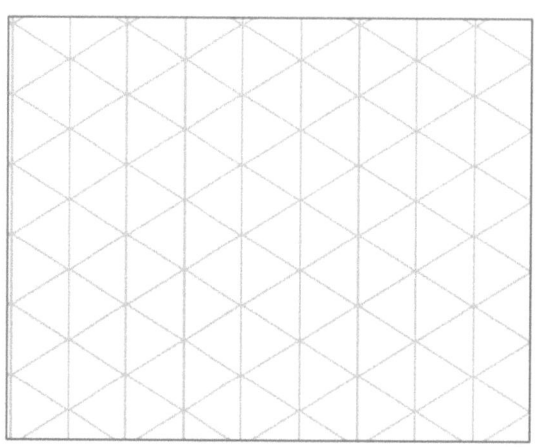

4. Kirkland dit que la figure $EFGH$ ci-dessous est un quadrilatère car elle a quatre points dans le même plan et quatre segments sans trois extrémités colinéaires. Explique son erreur.

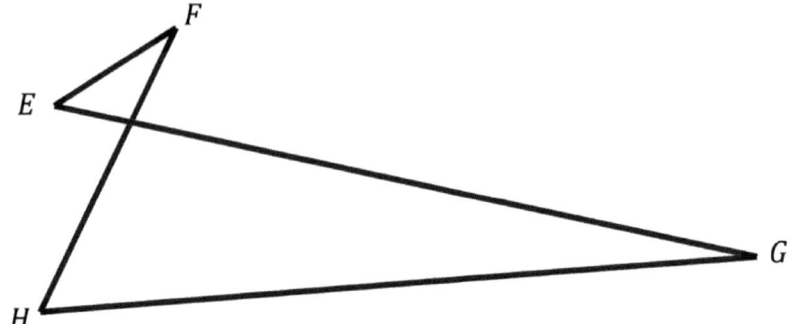

UNE HISTOIRE D'UNITÉS — Leçon 20 Aide aux devoirs — 5•5

1. Remplis le tableau ci-dessous.

Forme	Définition des attributs
Trapèze	• Quadrilatère • A au moins une paire de côtés parallèles
Parallélogramme	• ***Un quadrilatère dans lequel les deux paires de côtés opposés sont parallèles***
Rectangle	• Un quadrilatère avec 4 angles droits
Losange	• Un quadrilatère avec tous les côtés de même longueur
Carré	• Un losange avec quatre angles de 90° • Un rectangle avec 4 côtés égaux
Cerf-volant	• ***Quadrilatère avec 2 côtés consécutifs d'égale longueur*** • ***A 2 côtés restant de même longueur***

2. $TUVW$ est un carré d'une superficie de 81 cm², et $UB = 6.36$ cm. Trouve les mesures en utilisant ce que tu sais sur les propriétés des carrés.

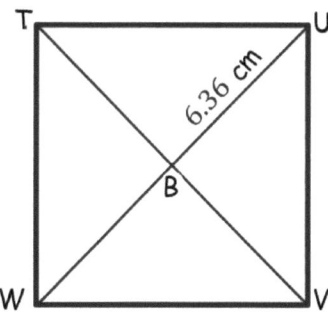

a. $UW = \underline{\ 12.72\ }$ cm

⟵ Les diagonales d'un carré se coupent en deux, donc $\overline{UB}$ et $\overline{BW}$ ont la même longueur. $6.36 + 6.36 = 12.72$

b. $TV = UW = 12.72$ cm

⟵ Je sais que dans un carré, les diagonales sont égales en longueur.

c. Périmètre = $\underline{\ 36\ }$ cm

⟵ Je sais que dans un carré, chaque longueur de côté est égale, donc je dois penser à quelle heure elle-même est égale à 81. Je sais que 9×9 fait 81, donc chaque côté fait 9 cm. Puisqu'il y a 4 côtés égaux, je peux multiplier 9×4 pour obtenir le périmètre.

d. $m \angle TUV = \underline{\ 90\ }$ °

⟵ Je sais que chaque angle d'un carré doit être de 90 ° car c'est un attribut déterminant d'un carré

Leçon 20 : Classer les figures à deux dimensions dans une hiérarchie en fonction des propriétés.

Nom _____ Date _____

1. Suis l'organigramme et mets le nom de la figure dans les cases.

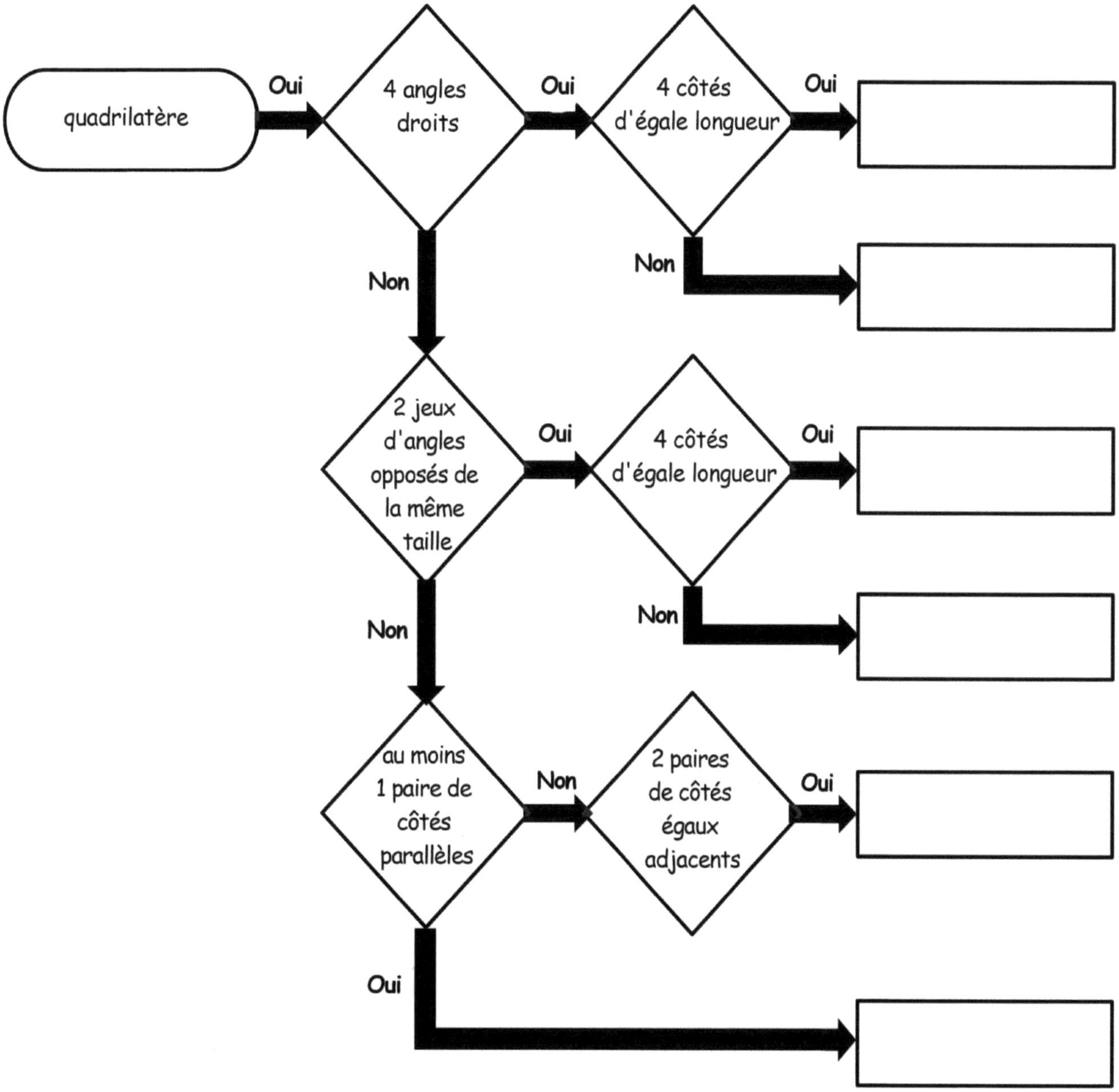

2. SQRE est un carré d'une superficie de 49 cm², et RM = 4.95 cm. Trouve les mesures en utilisant ce que tu sais sur les propriétés des carrés.

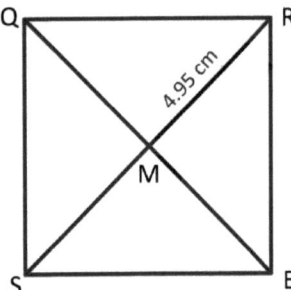

a. RS = _____ cm

b. QE = _____ cm

c. Périmètre = _____ cm

d. m∠QRE = _____ °

e. m∠RMQ = _____ °

Termine chaque phrase ci-dessous en écrivant « parfois » ou « toujours » dans le premier espace, puis indique pourquoi. Dessine un exemple de chaque déclaration dans l'espace à droite.

a. Un rectangle est **_parfois_** un carré car **_un rectangle a 4 angles droits, et un carré est un type spécial de rectangle avec 4 côtés égaux._**

Ceci est un rectangle. Ce n'est pas un carré car les 4 côtés ne sont pas égaux en longueur.

b. Un carré est **_toujours_** un rectangle car **_un rectangle est un parallélogramme à 4 angles droits. Un carré est un rectangle à 4 côtés égaux._**

C'est un carré et un rectangle car il a 4 angles droits et 4 côtés égaux.

c. Un rectangle est **_parfois_** un cerf-volant car **_un carré correspond à la définition d'un cerf-volant et d'un rectangle. Un cerf-volant a deux paires de côtés égaux, pareil qu'un carré._**

Ceci est un cerf-volant, un carré et un rectangle. Il a 4 angles droits et 2 ensembles de côtés consécutifs égaux en longueur.

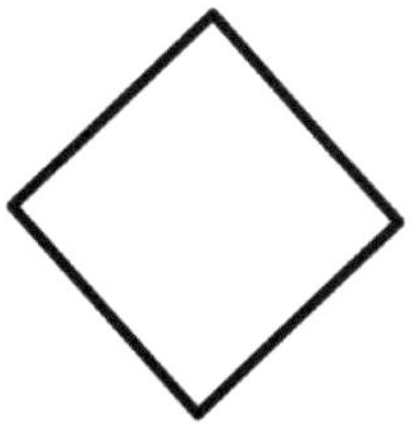

d. Un rectangle est **_toujours_** un parallélogramme car **_il a deux paires de côtés parallèles._**

Tous les rectangles peuvent également être appelés parallélogrammes.

e. Un carré est **_toujours_** un trapèze car **_il a au moins une paire de côtés parallèles._**

Ce carré, et tous les carrés, a 2 paires de côtés opposés parallèles. Tous les carrés peuvent également être appelés trapèzes.

f. Un trapèze est **_parfois_** un parallélogramme car **_un trapèze doit avoir au moins une paire de côtés parallèles, mais il pourrait en avoir deux, ce qui correspond à la définition d'un parallélogramme._**

Cette figure est un trapèze **mais** pas un parallélogramme. Il n'a qu'une paire de côtés opposés parallèles. (Les côtés «supérieur» et «inférieur» sont parallèles.)

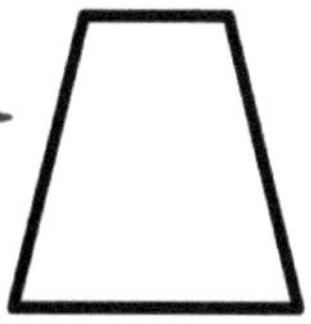

Nom _____ Date _____

1. Réponds aux questions en cochant la case.

	Parfois	Toujours
a. Un carré est-il un rectangle ?		
b. Un rectangle est-il un cerf-volant ?		
c. Un rectangle est-il un parallélogramme ?		
d. Un carré est-il un trapèze ?		
e. Un parallélogramme est-il un trapèze ?		
f. Un trapèze est-il un parallélogramme ?		
g. Un cerf-volant est-il un parallélogramme ?		

   h. Pour chaque affirmation à laquelle tu as répondu *parfois*, dessine et nomme un exemple qui justifie ta réponse.

2. Utilise ce que tu sais sur les quadrilatères pour répondre à chaque question ci-dessous.

   a. Explique quand un trapèze n'est pas un parallélogramme. Dessine un exemple.

   b. Explique quand un cerf-volant n'est pas un parallélogramme. Dessine un exemple.

Leçon 21 : Dessiner et identifier diverses figures bidimensionnelles à partir d'attributs donnés.

5e année

Module 6

UNE HISTOIRE D'UNITÉS — Leçon 1 Aide aux devoirs 5•6

1. Répondez aux questions suivantes en utilisant la droite numérique P ci-dessous.

   > L'origine est toujours nulle.

   a. Quelle est la coordonnée, ou la distance par rapport à l'origine, du ⬟ ?

   20

   > La coordonnée indique la distance entre le zéro et la forme sur la droite numérique.

   b. Quelle est la coordonnée de ▲ ?

   25

   c. Quelle est la coordonnée au milieu entre ☾ et ⬟ ?

   15

   > The distance from the moon to the pentagon is 10 units, so the midpoint will be 5 units from each shape.

   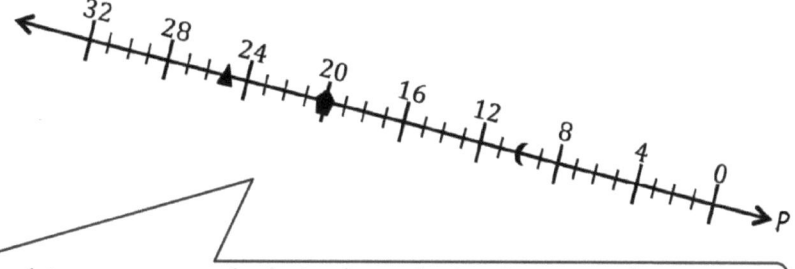

   > Cette droite numérique augmente de droite à gauche. Les lignes numériques peuvent aller dans n'importe quelle direction.

2. Utilise la ligne numérique pour répondre aux questions.

   a. Tracez P de sorte que sa distance soit $\frac{2}{10}$ de l'origine.

   b. Placer Q 12 dixièmes plus loin de l'origine que le point P.

   c. Tracez R de sorte que sa distance soit 1 plus proche de l'origine que le point Q.

   d. Quelle est la distance entre P et R?

   La distance de P à R est de 0,2.

   > La première graduation est 0 et la seconde est 0.4. La distance entre les graduations est de 0.4, ou $\frac{4}{10}$.

   > 12 dixièmes de plus de 2 dixièmes font 14 dixièmes, soit 1.4.

   > Je peux penser à 1 comme 10 dixièmes.

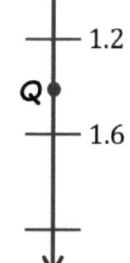

Leçon 1 : Construire un système de coordonnées sur une ligne.

3. La ligne numérique L indique 18 unités. Utilise la ligne numérique L, ci dessous, pour répondre aux questions.

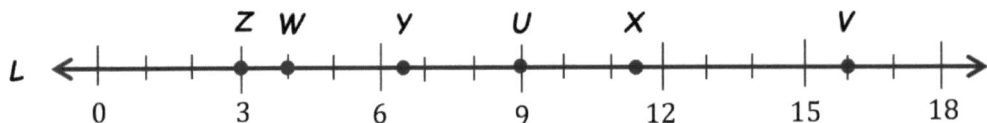

a. O Tracez un point en 3. Étiquetez-le Z.

b. Étiqueter le point Y en $6\frac{1}{2}$.

Les unités sont une, et elles sont indiquées par les graduations sur la droite numérique.

c. Tracez un point X qui est 5 unités plus loin de zéro que le point Y.

«Plus près de l'origine» signifie que je dois me déplacer vers la gauche le long de cette droite numérique.

d. Tracez le point W qui est $\frac{5}{2}$ des unités plus proches de l'origine que le point Y. Quelle est la coordonnée du point W ?

La coordonnée du point W est 4.

e. Quelle est la coordonnée du point qui est 4,5 unités plus loin de l'origine que le point X ? Nommez ce point V.

La coordonnée du point V est 16.

$11\frac{1}{2} + 4\frac{1}{2} = 16$

f. Étiquetez le point U à mi-chemin entre le point Y et le point X. Quelle est la coordonnée de ce point ?

The coordinate midway between points Y and X is 9.

4. Un pirate a enterré un trésor volé dans un terrain vague. Il a noté qu'il avait enterré le trésor à 15 pieds (ft) du seul arbre sur le terrain. Plus tard, il n'a pas pu trouver le trésor. Où s'est-il trompé ?

Il n'a pas indiqué dans quelle direction de l'arbre il a enterré le trésor. S'il dit juste à quinze pieds (ft) de l'arbre, il devra creuser un cercle autour de l'arbre pour trouver le trésor.

Nom _____ Date _____

1. Réponds aux questions en utilisant la ligne numérique q ci-dessous.

   a. Quelle(s) est/sont les coordonnées ou la distance par rapport à l'origine de 🙂 ? _____

   b. Quelles sont les coordonnées de ⚡ ? _____

   c. Quelles sont les coordonnées de ♥ ? _____

   d. Quelles sont les coordonnées au milieu de ⚡ et de ♥ ? _____

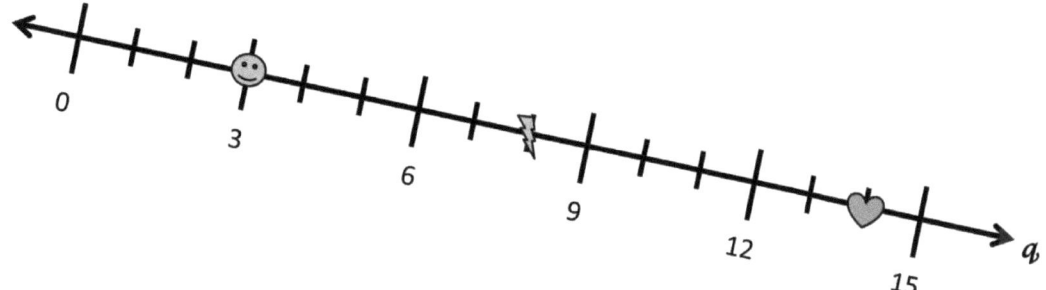

2. Utilise la ligne numérique pour répondre aux questions.

Trace T de sorte que sa distance de l'origine soit de 10.

Trace M de sorte que sa distance soit $\frac{11}{4}$ de l'origine. Quelle est la distance de P à M ?

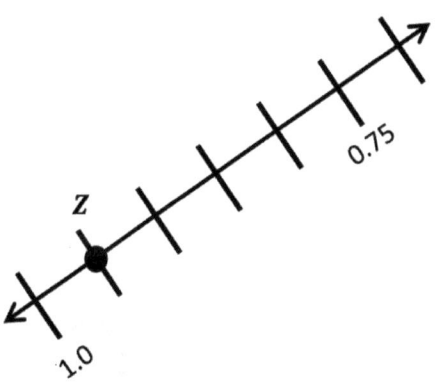

Trace un point qui est 0.15 plus proche de l'origine que Z.

Trace U de sorte que sa distance par rapport à l'origine soit $\frac{3}{6}$ moins que W.

Leçon 1 : Construire un système de coordonnées sur une ligne.

3. La ligne numérique k indique 12 unités. Utilise la ligne numérique k ci dessous pour répondre aux questions.

a. Trace un point à 1. Étiquette-le A.

b. Étiquette un point situé à $3\frac{1}{2}$ comme s'appelant B.

c. Étiquette un point, C, dont la distance de zéro est de 8 unités de plus que celle de B.

Les coordonnées de C sont _____.

d. Trace un point, D, dont la distance de zéro est $\frac{6}{2}$ inférieure à celle de B.

Les coordonnées de D sont _____.

e. Quelles sont les coordonnées du point qui est $\frac{17}{2}$ plus éloigné de l'origine que D ?

Nomme ce point E.

f. Quelles sont les coordonnées du point qui est à mi-chemin entre F et D?

Nomme ce point G.

4. La classe de cinquième de M. Baker a enterré une capsule temporelle dans le champ derrière l'école. Ils ont dessiné une carte et marqué l'emplacement de la capsule avec un ✖ pour que sa classe puisse la déterrer dans dix ans. Qu'aurait pu faire la classe de M. Baker pour rendre la capsule plus facile à trouver ?

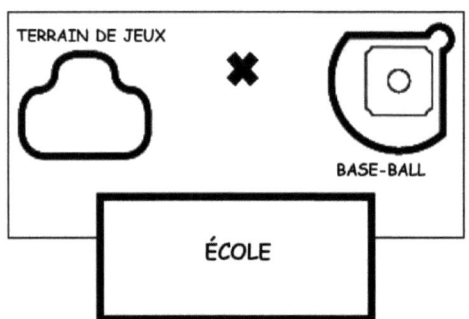

1. Utilise ton équerre pour tracer une ligne perpendiculaire à l'axe x passant par le point R. Étiquette la nouvelle ligne en tant qu'axe y.

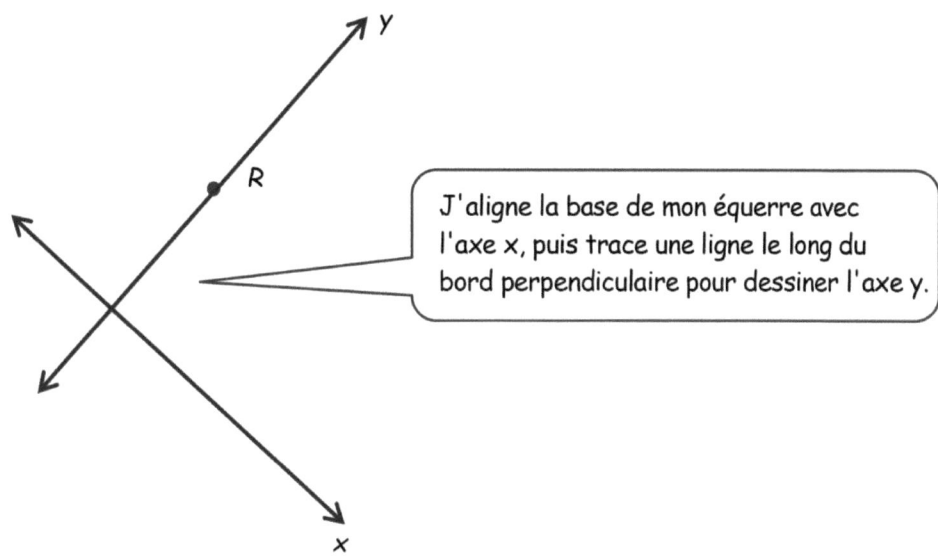

J'aligne la base de mon équerre avec l'axe x, puis trace une ligne le long du bord perpendiculaire pour dessiner l'axe y.

2. Utilise les lignes perpendiculaires ci-dessous pour créer un plan de coordonnées. Marque 6 unités sur chaque axe et étiquette-les comme des fractions.

J'ai choisi des unités fractionnaires $\frac{1}{2}$, de mais j'aurais pu choisir n'importe quelle unité fractionnaire. 4

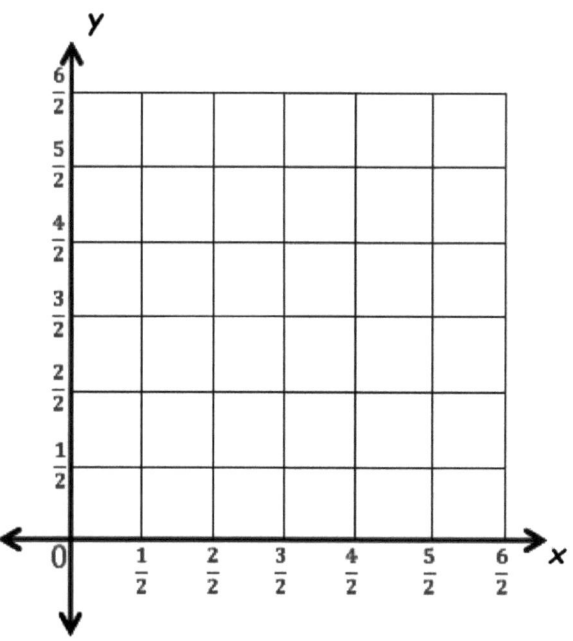

Leçon 2 : Construire un système de coordonnées sur un plan.

3. Utilise le plan de coordonnées pour répondre aux questions suivantes.

coordonnée x	coordonnée y	Forme
$1\frac{1}{2}$	0	cercle
4.5	1.5	trapèze
2	3	drapeau
3	4	carré

> $1\frac{1}{2}$ n'est pas l'un des nombres sur l'axe des x, mais je sais que $1\frac{1}{2}$ cela se situe à mi-chemin entre 1 et 2.

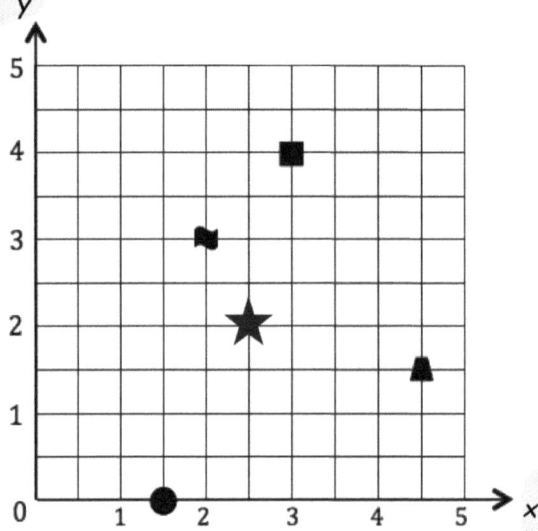

a. Nommez la forme à chaque emplacement.

b. Quelle est la forme à 3 unités de l'axe des x ?

Le drapeau est à 3 unités de l'axe des x.

c. Quelle forme a une coordonnée y de 3 ?

Le drapeau a une coordonnée y de 3.

> Les problèmes 3 (b) et 3 (c) posent la même question de différentes manières.

d. Dessinez une étoile à $\left(2\frac{1}{2}, 2\right)$

> Les nombres entre parenthèses sont des paires de coordonnées. Les paires de coordonnées sont écrites entre parenthèses avec une virgule séparant les deux coordonnées. La coordonnée x est donnée en premier.

Nom _____ Date _____

1.
   a. Utilise ton équerre pour tracer une ligne perpendiculaire à l'axe x passant par le point P. Étiquette la nouvelle ligne en tant qu'axe y.

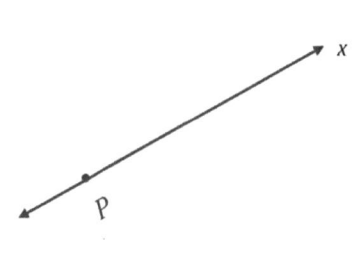

   b. Choisis l'un des ensembles de lignes perpendiculaires ci-dessus et crée un plan de coordonnées. Marque 5 unités sur sur chaque axe et étiquette-les en tant que nombres entiers.

2. Utilise le plan de coordonnées pour répondre aux questions suivantes.

   a. Nomme la forme à chaque emplacement.

x coordonnée	y coordonnée	Forme
2	4	
5	4	
1	5	
5	1	

   b. Quelle forme correspond à 2 unités de l'axe x ?

   c. Quelle forme a les mêmes coordonnées x- et y ?

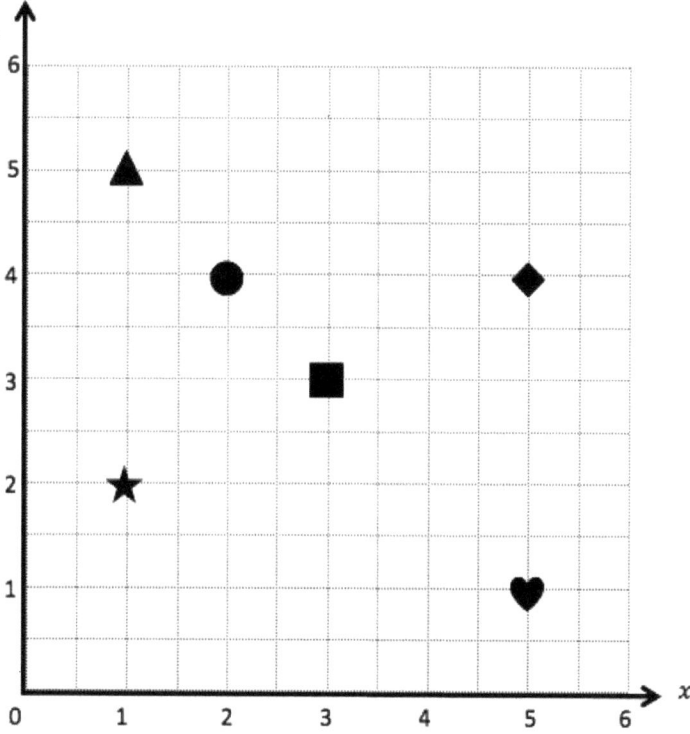

Leçon 2 : Construire un système de coordonnées sur un plan.

3. Utilise le plan de coordonnées pour répondre aux questions suivantes.

   a. Nomme les coordonnées de chaque forme.

Forme	x coordonnée	y coordonnée
Lune		
Soleil		
Cœur		
Nuage		
Visage souriant		

   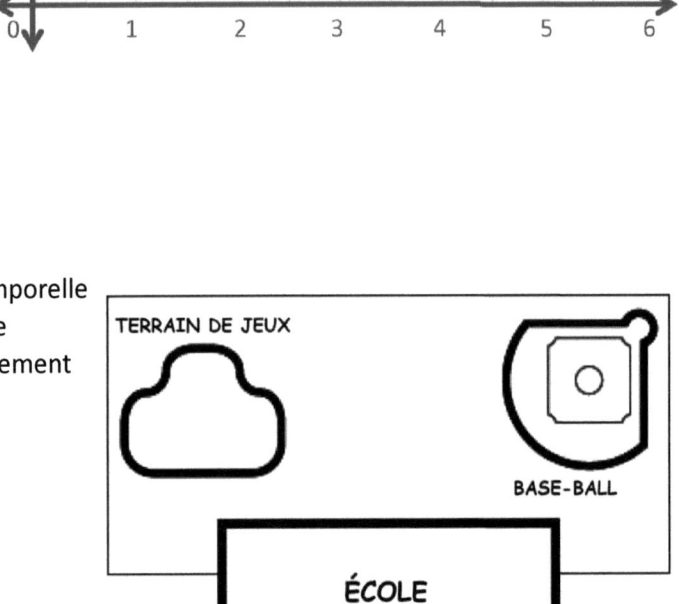

   b. Quelles 2 formes ont la même coordonnée y ?

   c. Trace un X à (2, 3).

   d. Trace un carré à $(3, 2\frac{1}{2})$.

   e. Trace un triangle à $(6, 3\frac{1}{2})$.

4. M. Palmer prévoit d'enterrer une capsule temporelle à 10 yards derrière l'école. Que devrait-il faire d'autre pour rendre l'appellation de l'emplacement de la capsule temporelle plus précis ?

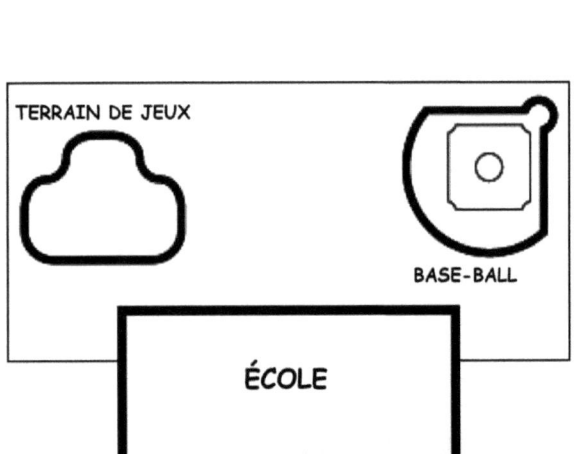

Leçon 2 : Construire un système de coordonnées sur un plan.

UNE HISTOIRE D'UNITÉS — Leçon 3 Aide aux devoirs — 5•6

1. Utilise la grille ci-dessous pour effectuer les tâches suivantes.
   a. Construisez un axe y passant par les points A et B. Étiquetez cet axe.
   b. Construisez un axe x perpendiculaire à l'axe y passant par les points A et M.
   c. Étiquetez l'origine.
   d. La coordonnée x du point W est $2\frac{3}{4}$. étiqueter les nombres entiers le long de l'axe des x.
   e. Étiquetez les nombres entiers le long de l'axe des y.

> L'axe des y est une ligne verticale. L'axe des x est une ligne horizontale.

> L'origine, ou (0, 0), est l'endroit où les axes x et y se rencontrent.

> L'axe des y doit être étiqueté de la même manière que l'axe des x. Sur l'axe des x, la distance entre les lignes de la grille est $\frac{1}{4}$. que je peux utiliser les mêmes unités pour l'axe des y.

> Je trouve le point W sur le plan des coordonnées. Je peux tracer avec mon doigt pour localiser cet endroit sur l'axe des x. Je compte à nouveau à 0 et vois que chaque ligne de la grille est $\frac{1}{4}$ supérieure à la ligne précédente.

> Telle est l'origine.

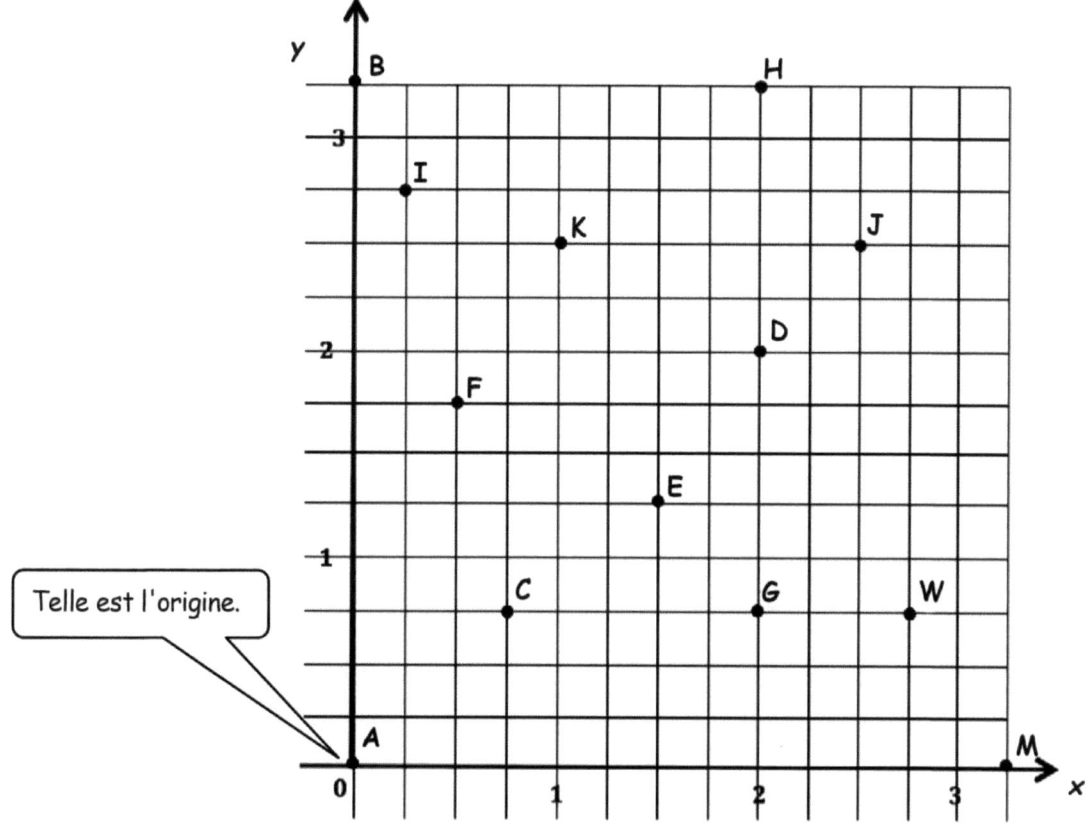

Leçon 3 : Nommer des points à l'aide de paires de coordonnées, et utiliser les paires de coordonnées pour tracer les points.

2. Pour les problèmes suivants, tiens compte de tous les points de la page précédente.

   a. Identifiez tous les points qui ont une coordonnée y de $\frac{3}{4}$.

   C, G, et W

   > Je recherche tous les points qui $\frac{3}{4}$ sont des unités de l'axe des x.

   b. Identifie tous les points qui ont une coordonnée x de 2.

   G, D, et H

   > Je recherche des points qui sont à 2 unités de l'axe y.

   c. Nomme le point et écris la paire de coordonnées qui est unités au-dessus de l'axe $2\frac{1}{2}$ unités au-dessus de l'axe x et 1 unité à droite de l'axe y.

   $K\left(1, 2\frac{1}{2}\right)$

   d. Quel point est situé à $1\frac{1}{4}$ unités de l'axe x ? Donne ses coordonnées.

   $E\left(1\frac{1}{2}, 1\frac{1}{4}\right)$

   e. Quel point est situé à $\frac{1}{4}$ unités de l'axe y ? Donne ses coordonnées.

   $I\left(\frac{1}{4}, 2\frac{3}{4}\right)$

   f. Donne les coordonnées du point C.

   $\left(\frac{3}{4}, \frac{3}{4}\right)$

   g. Trace un point où les deux coordonnées sont identiques. Nomme le point J, et donne ses coordonnées.

   $\left(2\frac{1}{2}, 2\frac{1}{2}\right)$

   > Il existe une infinité de réponses correctes à cette question. Je pourrais nommer des coordonnées qui ne sont pas sur les lignes de la grille. Par exemple, (1.88, 1.88) serait correct.

   h. Nomme le point d'intersection des deux axes. Écris les coordonnées de ce point.

   $A\ (0, 0)$

   > Ce point est également connu comme l'origine. Les axes se rencontrent à l'origine.

Leçon 3 : Nommer des points à l'aide de paires de coordonnées, et utiliser les paires de coordonnées pour tracer les points.

i. Quelle est la distance entre les points W et G, ou WG ?

$\frac{3}{4}$ unité

> Je compte les unités entre les points. La distance entre chaque ligne de grille est $\frac{1}{4}$.

j. La longueur de $\overline{HG}$ est-elle plus grande, plus petite, ou égale à celle de $CG + KJ$?

$HG = 2\frac{1}{2}$ unités $CG = 1\frac{1}{4}$ unités $KJ = 1\frac{1}{2}$ unités $CG + KJ = 2\frac{3}{4}$ unités $HG < CG + KJ$

k. Janice a décrit comment tracer des points sur le plan de coordonnées. Elle a dit : « Si tu veux tracer (1,3), mets 1, et puis ajoute 3. Place un point où ces lignes se croisent. » Janice a-t-elle raison ?

Janice n'a pas raison. Elle devrait indiquer un point de départ et une direction. Elle devrait dire : « Commence par l'origine. Le long de l'axe x, va 1 unité vers la droite, puis monte 3 unités parallèlement à l'axe y. »

UNE HISTOIRE D'UNITÉS   Leçon 3 Devoirs 5•6

Nom _____   Date _____

1. Utilise la grille ci-dessous pour effectuer les tâches suivantes.

    a. Construis un axe y qui passe par les points Y et Z.

    b. Construis un axe perpendiculaire x qui passe par les points Z et X.

    c. Étiquette l'origine 0.

    d. La coordonnée y de W est $2\frac{3}{5}$. Étiquette les nombres entiers le long de l'axe y.

    e. La coordonnée x de V est $2\frac{2}{5}$. Étiquette les nombres entiers le long de l'axe x.

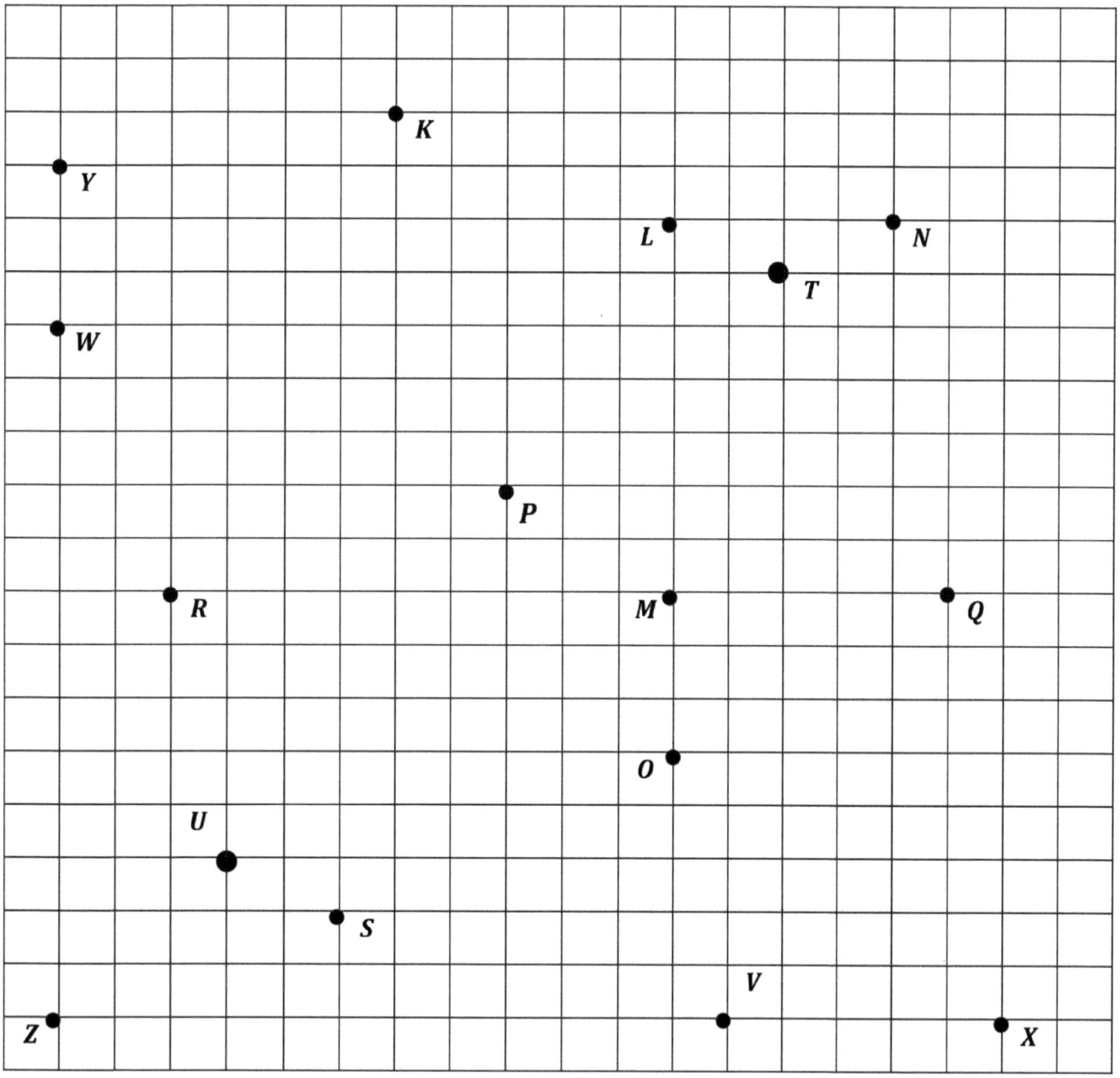

Leçon 3 : Nommer des points à l'aide de paires de coordonnées, et utiliser les paires de coordonnées pour tracer les points.

UNE HISTOIRE D'UNITÉS Leçon 3 Devoirs 5•6

2. Pour les problèmes suivants, tiens compte de tous les points de K jusqu'à X de la page précédente.

   a. Identifie tous les points qui ont une coordonnée y de $1\frac{3}{5}$.

   b. Identifie tous les points qui ont une coordonnée x de $2\frac{1}{5}$.

   c. Quel point est $1\frac{3}{5}$ unités au-dessus de l'axe x et $3\frac{1}{5}$ unités à droite de l'axe y ? Nomme le point et donne sa paire de coordonnées.

   d. Quel point est situé à $1\frac{1}{5}$ unités de l'axe y ?

   e. Quel point est situé à $\frac{2}{5}$ unité le long de l'axe x ?

   f. Donne la paire de coordonnées pour chacun des points suivants.

   T : _____ U : _____ S : _____ K : _____

   g. Nomme les points situés aux coordonnées suivantes.

   $(\frac{3}{5}, \frac{3}{5})$ _____ $(3\frac{2}{5}, 0)$ _____ $(2\frac{1}{5}, 3)$ _____ $(0, 2\frac{3}{5})$ _____

   h. Trace un point où les coordonnées x et y sont égales. Nomme ton point E.

   i. Quel est le nom du point du plan où les deux axes se croisent ? _____
   Donne les coordonnées de ce point. (___ , ___)

   j. Trace les points suivants.

   A: $(1\frac{1}{5}, 1)$ B: $(\frac{1}{5}, 3)$ C: $(2\frac{4}{5}, 2\frac{2}{5})$ D: $(1\frac{1}{5}, 0)$

   k. Quelle est la distance entre L et N, ou LN ?

l. Quelle est la distance de MQ ?

m. RM serait-il supérieur, inférieur ou égal à $LN + MQ$?

n. Leslie expliquait comment tracer des points sur le plan de coordonnées à un nouvel élève, mais elle a oublié des informations importantes. Corrige son explication pour qu'elle soit complète.

« Tout ce que tu as à faire est de lire les coordonnées ; par exemple, si elles sont (4, 7), compte quatre, puis sept, et place un point où les deux lignes de la grille se croisent. »

UNE HISTOIRE D'UNITÉS — Leçon 4 Devoirs 5•6

Notes de cours

Les règles pour jouer à la *Bataille navale,* un jeu populaire, se trouvent à la fin de cette Aide aux devoirs.

1. En jouant à la *Bataille navale,* ton ami dit: « Touché ! » quand tu devines le point (3,2). Comment décides-tu des points à deviner ensuite ?

   Si j'obtiens un touché au point (3, 2), alors je sais que je devrais essayer de deviner l'un des quatre points autour de (3, 2) parce que le navire doit être poser verticalement ou horizontalement selon les règles. Je devinerais l'un de ces points : (2, 2), (3, 1), (4, 2), ou (3, 3).

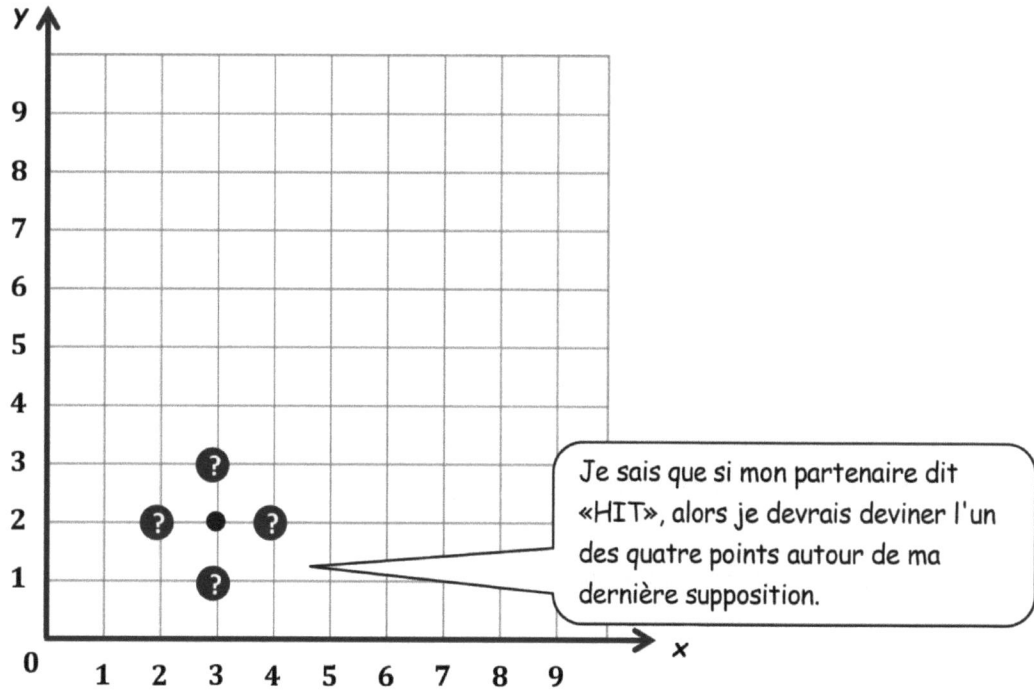

Je sais que si mon partenaire dit «HIT», alors je devrais deviner l'un des quatre points autour de ma dernière supposition.

2. Quels changements apportés au jeu pourraient le rendre plus difficile ?

   Le jeu est plus facile lorsque je compte par unités sur les axes de la grille de coordonnées. Si je modifiais les axes pour compter par un autre nombre tel que 7 ou 9 sur chaque ligne de la grille, le jeu serait plus difficile. Ce serait égalementplus difficile si je comptais de deux en deux sur les axes par fractions telles que $\frac{1}{2}$ ou $2\frac{1}{2}$.

Leçon 4 : Nommer des points à l'aide de paires de coordonnées, et utiliser les paires de coordonnées pour tracer les points.

Règles de la bataille navale

But : de couler tous les navires de ton adversaire en devinant correctement ses coordonnées.

Matériel
- 1 Feuille de grille de mes navires (par personne/par partie)
- 1 Feuille de grille des navires de l'adversaire (par personne/par partie)
- Crayon/marqueur rouge pour les touchés
- Crayon/marqueur noir pour les ratés
- Dossier à placer entre les joueurs

Navires
- Chaque joueur doit marquer 5 navires sur la grille.
  - Porte avion—Trace 5 points
  - Croiseur—Trace 4 points
  - Contre torpilleur—Trace 3 points
  - Sous-marin—Trace 3 points
  - Torpilleur—Trace 2 points

Mise en place
- Avec ton adversaire, choisissez une unité de longueur et une unité fractionnaire pour le plan de coordonnées.
- Étiquetez les unités choisies sur les deux feuilles de grille.
- Sélectionne secrètement des emplacements pour chacun des 5 navires de ta grille Mes navires.
  - Tous les navires doivent être placés horizontalement ou verticalement sur le plan de coordonnées.
  - Les navires peuvent se toucher, mais ils ne peuvent pas occuper la même coordonnée.

Jouer
- Les joueurs tirent à tour de rôle pour attaquer les navires ennemis.
- À ton tour, tu peux tirer sur un navire ennemi en énonçant des coordonnées. Note les coordonnées de chaque coup d'attaque.
- Ton adversaire vérifie sa grille Mes navires. Si cette paire de coordonnées est inoccupée, ton adversaire dit : « Raté ». Si tu as nommé une paire de coordonnées occupée par un navire, ton adversaire dit : « Touché ».
- Marque chaque tentative de tir sur ta grille Navires ennemis. Marque un ✘ noir sur la paire de coordonnées si ton adversaire dit « Raté ». Marque un ✓ rouge sur la paire de coordonnées si ton adversaire dit « Touché ».
- Au tour de ton adversaire, s'il touche l'un de tes navires, marque un ✓ rouge sur cette paire de coordonnées de ta grille Mes navires. Lorsqu'un de tes navires a toutes les coordonnées marquées d'un ✓, dis, « Tu as coulé mon [nom du navire]. »

Victoire
- Le premier joueur à couler tous (ou le plus grand nombre) de navires adverses gagne.

Nom _____ Date _____

Ton devoir est de faire au moins une partie de Bataille navale avec un ami ou un membre de ta famille. Tu peux te servir des instructions de la classe pour enseigner le jeu à ton adversaire. Toi et ton adversaire devez enregistrer vos suppositions, vos touchés et vos ratés sur la feuille comme tu l'as fait en classe.

Lorsque vous aurez terminé votre partie, réponds à ces questions.

1. Lorsque tu devines un point qui touche un navire, comment décides-tu quels points deviner ensuite ?

2. Comment pourrais-tu changer le plan de coordonnées pour rendre le jeu plus facile ou plus difficile ?

3. Quelles stratégies ont fonctionné le mieux pour toi lorsque tu joues à ce jeu ?

UNE HISTOIRE D'UNITÉS — Leçon 5 Aide aux devoirs — 5•6

1. Utilise le plan de coordonnées pour répondre aux questions.

   a. Utilise une règle pour construire une ligne qui passe par les points Z et Y. Nomme cette ligne j.

   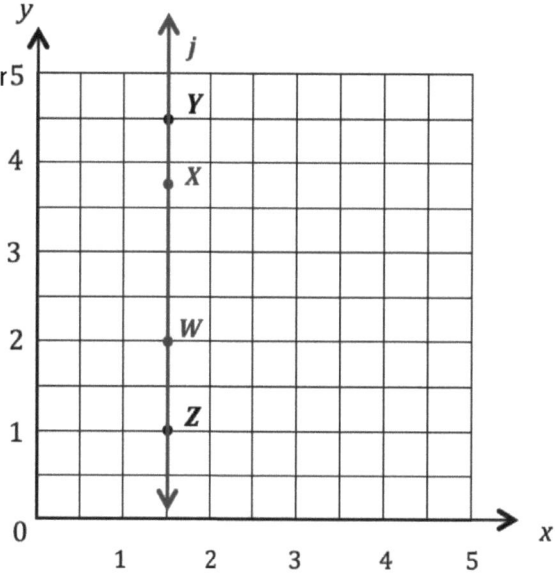

   La ligne j est perpendiculaire à l'axe des __x__ et parallèle à l'axe des __y__.

   - Les lignes parallèles ne se croisent jamais
   - Les lignes perpendiculaires forment des angles à 90°

   c. Dessine deux autres points sur la ligne j. Nomme ces points X et W.

   d. Donne les coordonnées de chaque point ci-dessous.

2.
   a. $W: \left(1\frac{1}{2}, 2\right)$ $X: \left(1\frac{1}{2}, 3\frac{3}{4}\right)$ $Y: \left(1\frac{1}{2}, 4\frac{1}{2}\right)$ $Z: \left(1\frac{1}{2}, 1\right)$

   b. Qu'est-ce que tous ces points de la ligne j ont en commun ?

   La coordonnée x est toujours $1\frac{1}{2}$.

   Cette ligne est perpendiculaire à l'axe x et parallèle à l'axe y car la coordonnée x est la même dans chaque paire de coordonnées.

   c. Donne la paire de coordonnées d'un autre point qui tombe sur la ligne j avec une coordonnée y supérieure à 10.

   $\left(1\frac{1}{2}, 12\right)$

   Tant que la coordonnée x est $1\frac{1}{2}$, le point tombera sur la ligne j.

Leçon 5 : Rechercher les schémas de lignes verticales et horizontales, et interpréter les points sur le plan comme des distances à partir des axes.

3. Pour chaque paire de points ci-dessous, pense à la ligne qui les relie. La ligne sera-t-elle parallèle à l'axe x ou à l'axe y ? Sans les tracer, explique comment tu le sais.

   a. $(1.45, 2)$ et $(66, 2)$

   Puisque ces paires de coordonnées ont la même coordonnée y, la ligne qui les relie sera une ligne horizontale et parallèle à l'axe x.

   b. $\left(\frac{1}{2}, 19\right)$ et $\left(\frac{1}{2}, 82\right)$

   Puisque ces paires de coordonnées ont la même coordonnée x, la ligne qui les relie sera une ligne verticale et parallèle à l'axe y.

4. Écrivez les paires de coordonnées de 3 points qui peuvent être connectés pour construire une ligne qui est des $3\frac{1}{8}$ unités au-dessus et parallèle à l'axe des x.

   $\left(7, 3\frac{1}{8}\right)$ $\left(6\frac{1}{8}, 3\frac{1}{8}\right)$ $\left(79, 3\frac{1}{8}\right)$

   > Pour que la ligne soit des $3\frac{1}{8}$ unités au-dessus de l'axe des x, les paires de coordonnées doivent avoir une coordonnée y de $3\frac{1}{8}$. Je peux utiliser n'importe quelle coordonnée x.

5. Écris la paire de coordonnées des 3 points qui se trouvent sur l'axe x.

   $(7, 0)$ $(11.1, 0)$ $(100, 0)$

Nom _____   Date _____

1. Utilise le plan de coordonnées pour répondre aux questions.

   a. Utilise une règle pour construire une ligne qui passe par les points A et B. Nomme cette ligne g.

   b. La ligne g est parallèle à l'axe _____ et est perpendiculaire à l'axe _____.

   c. Dessine deux autres points sur la ligne g. Nomme-les C et D.

   d. Donne les coordonnées de chaque point ci-dessous.

      A : _____ B : _____

      C : _____ D : _____

   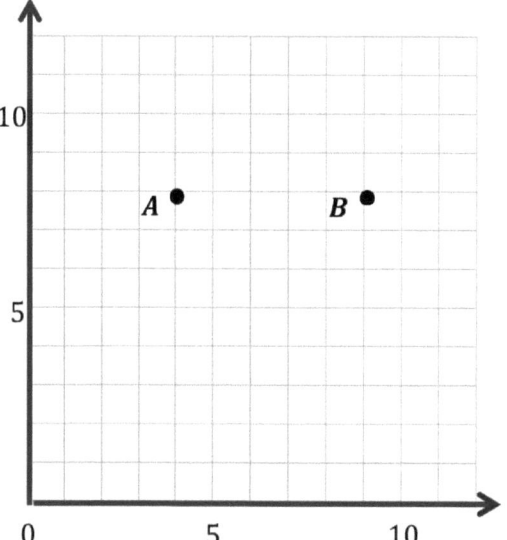

   e. Qu'est-ce que tous les points de la ligne g ont en commun ?

   f. Donne les coordonnées d'un autre point qui se trouve sur la ligne g avec une coordonnée x supérieure à 25.

2. Trace les points suivants sur le plan de coordonnées à droite.

   $H: (\frac{3}{4}, 3)$ $I: (\frac{3}{4}, 2\frac{1}{4})$

   $J: (\frac{3}{4}, \frac{1}{2})$ $K: (\frac{3}{4}, 1\frac{3}{4})$

   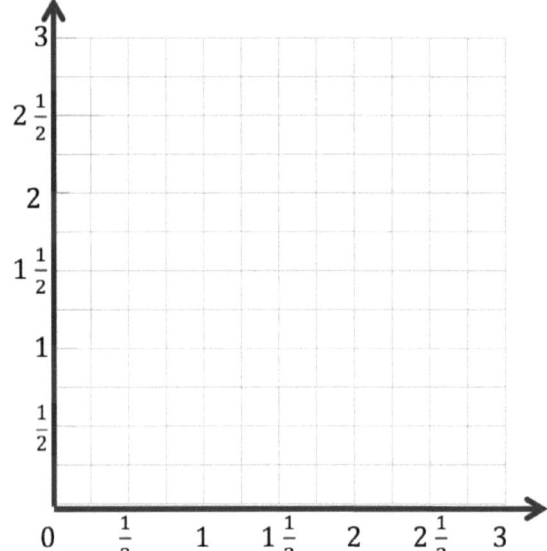

   a. Utilise une règle pour tracer une ligne pour relier ces points. Nomme la ligne f.

   b. Dans la ligne f, $x =$ _____ pour toutes les valeurs de y.

   c. Entoure le bon mot :

   La ligne f est *parallèle perpendiculaire* à l'axe x.

   La ligne f est *parallèle perpendiculaire* à l'axe y.

   d. Quel schéma se produit dans les paires de coordonnées qui rendent la ligne f verticale ?

3. Pour chaque paire de points ci-dessous, pense à la ligne qui les relie. Pour quelles paires la ligne est-elle parallèle à l'axe x ? Entoure ta/tes réponse(s). Sans les tracer, explique comment tu le sais.

   a. (3.2, 7) et (5, 7)   b. (8, 8.4) et (8, 8.8)   c. $(6\frac{1}{2}, 12)$ et (6.2, 11)

4. Pour chaque paire de points ci-dessous, pense à la ligne qui les relie. Pour quelles paires la ligne est-elle parallèle à l'axe y ? Entoure ta/tes réponse(s). Ensuite, donne 2 autres paires de coordonnées qui tomberaient également sur cette ligne.

   a. (3.2, 8.5) et (3.22, 24)   b. $(13\frac{1}{3}, 4\frac{2}{3})$ et $(13\frac{1}{3}, 7)$ c. (2.9, 5.4) et (7.2, 5.4)

5. Écris les paires de coordonnées de 3 points qui peuvent être connectés pour construire une ligne qui est $5\frac{1}{2}$ unités à droite et parallèle à l'axe y.

   a. _____   b. _____   c. _____

6. Écris la paire de coordonnées des 3 points qui se trouvent sur l'axe y.

   a. _____   b. _____   c. _____

7. Leslie et Peggy font une partie de Bataille navale sur les axes étiquetés en deux. Le tableau présente un compte rendu des suppositions de Peggy jusqu'à présent. Que devrait-elle deviner ensuite ? Comment le sais-tu ? Explique à l'aide d'images, de nombres et de mots.

(5, 5)	raté
(4, 5)	touché
$(3\frac{1}{2}, 5)$	raté
$(4\frac{1}{2}, 5)$	raté

1. Trace et nomme les points suivants sur le plan de coordonnées.

    $K\,(0.7, 0.6)$ $P\,(0.7, 1.1)$ $M\,(0.2, 0.3)$ $H\,(0.9, 0.3)$

    a. Utilise une règle pour construire les segments de ligne KP et MH.

    b. Nomme le segment de ligne qui est perpendiculaire à l'axe x et parallèle à l'axe y.

    $\overline{KP}$

    > Comme les coordonnées x de K et P sont les mêmes, le segment KP est parallèle à l'axe y.

    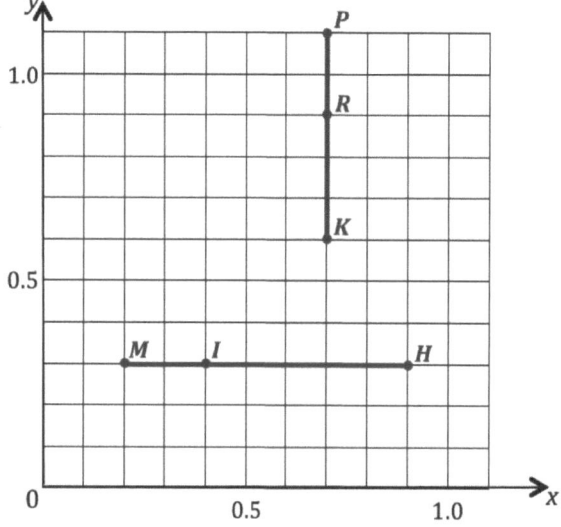

    c. Nomme le segment de ligne qui est parallèle à l'axe x et perpendiculaire à l'axe y.

    $\overline{MH}$

    > Parce que les coordonnées y de M et H sont les mêmes, le segment MH est perpendiculaire à l'axe y.

    d. Trace un point sur $\overline{KP}$, et nomme-le R.

    e. Trace un point sur $\overline{MH}$, et nomme-le I.

    f. Écris les coordonnées des points R et I.

    $R\,(0.7, 0.9)$ **$I\,(0.4, 0.3)$**

2. Construire la ligne j telle que la coordonnée y de chaque point soit $2\frac{1}{4}$, et construire la ligne k telle que la coordonnée x de chaque point soit $1\frac{3}{4}$.

> Puisque toutes les coordonnées y sont identiques, la ligne j sera une ligne horizontale. Puisque toutes les coordonnées x sont identiques, la ligne k sera une ligne verticale.

a. La ligne j est à 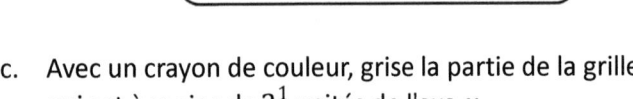 unités de l'axe x.

b. Donne les coordonnées du point sur la ligne j qui est à 1 unité de l'axe y.

$\left(1, 2\frac{1}{4}\right)$

> « 1 unité de l'axe y » donne la valeur de la coordonnée x

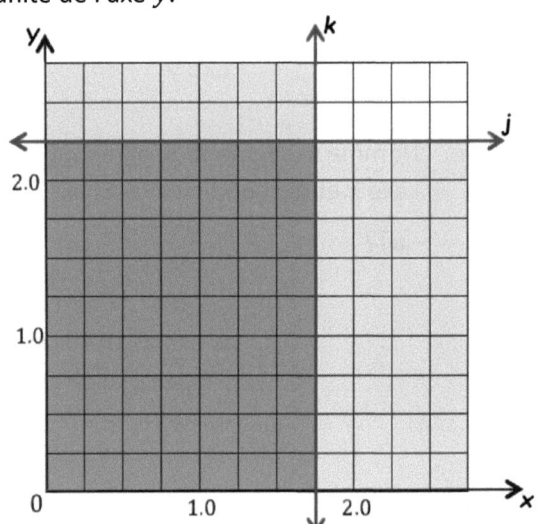

c. Avec un crayon de couleur, grise la partie de la grille qui est à moins de $2\frac{1}{4}$ unités de l'axe x.

> J'utilise du bleu pour ombrer la grille sous la ligne j.

d. La ligne k est à 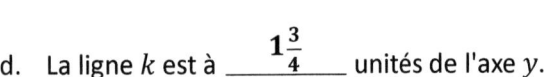 unités de l'axe y.

e. Donne les coordonnées du point sur la ligne k qui est à $1\frac{1}{2}$ unités de l'axe x.

$\left(1\frac{3}{4}, 1\frac{1}{2}\right)$

> « $1\frac{1}{2}$ unités de l'axe x » donne la valeur de la coordonnée y.

f. Avec un autre crayon de couleur, ombrer la partie de la grille qui est inférieure aux $1\frac{3}{4}$ unités de l'axe y.

> J'utilise du rose pour ombrer la grille à gauche de la ligne k. La zone de la grille qui se trouve sous la ligne j et à gauche de la ligne k apparaît maintenant en violet.

Nom _____ Date _____

1. Trace et nomme les points suivants sur le plan de coordonnées.

   C : (0.4, 0.4) A : (1.1, 0.4) S : (0.9, 0.5) T : (0.9, 1.1)

   a. Utilise une règle pour construire les segments de ligne $\overline{CA}$ et $\overline{ST}$.

   b. Nomme le segment de ligne qui est perpendiculaire à l'axe x et parallèle à l'axe y.
   _____

   c. Nomme le segment de ligne qui est parallèle à l'axe x et perpendiculaire à l'axe y.
   _____

   d. Trace un point sur $\overline{CA}$, et nomme-le E. Trace un point sur le segment de la ligne $\overline{ST}$, et nomme-le R.

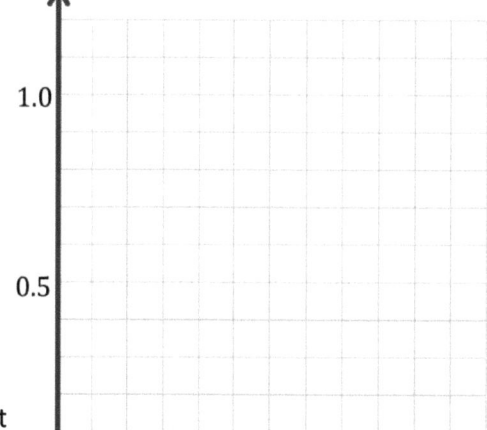

   e. Écris les coordonnées des points E et R.

   E (____ , ____) R (____ , ____)

2. Construis la ligne m pour que la coordonnée y de chaque point soit $1\frac{1}{2}$, et construis la ligne n pour que la coordonnée x de chaque point soit $5\frac{1}{2}$.

   a. La ligne m est à _____ unités de l'axe x.

   b. Donne les coordonnées du point sur la ligne m qui est à 2 unités de l'axe y. _____

   c. Avec un crayon bleu, grise la partie de la grille qui est à moins de $1\frac{1}{2}$ unités de l'axe x.

   d. La ligne n est à _____ unités de l'axe y.

   e. Donne les coordonnées du point sur la ligne n qui est à $3\frac{1}{2}$ unités de l'axe x.

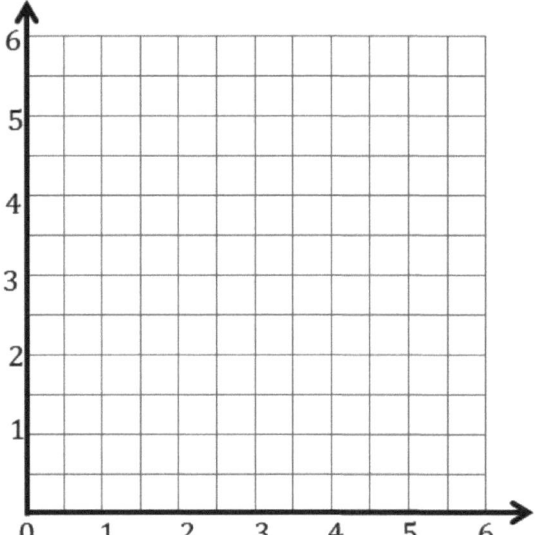

   f. Avec un crayon rouge, colorie la partie de la grille qui est inférieure aux $5\frac{1}{2}$ unités de l'axe y.

3. Construis et nomme les lignes e, r, s, et o sur le plan ci-dessous.

   a. La ligne e est 3.75 unités au-dessus de l'axe x.

   b. La ligne r est à 2.5 unités de l'axe y.

   c. La ligne s est parallèle à la ligne e mais 0.75 plus éloignée de l'axe x.

   d. La lgine o est perpendiculaire aux lignes s et e et passe par le point $(3\frac{1}{4}, 3\frac{1}{4})$.

4. Effectue les tâches suivantes sur le plan.

   a. À l'aide d'un crayon bleu, grise la zone contenant les points plus de $2\frac{1}{2}$ unités et moins de $3\frac{1}{4}$ unités de l'axe y.

   b. À l'aide d'un crayon rouge, grise la zone contenant les points plus de $3\frac{3}{4}$ unités et moins de $4\frac{1}{2}$ unités de l'axe x.

   c. Trace un point situé dans la zone doublement grisée et étiquette ses coordonnées.

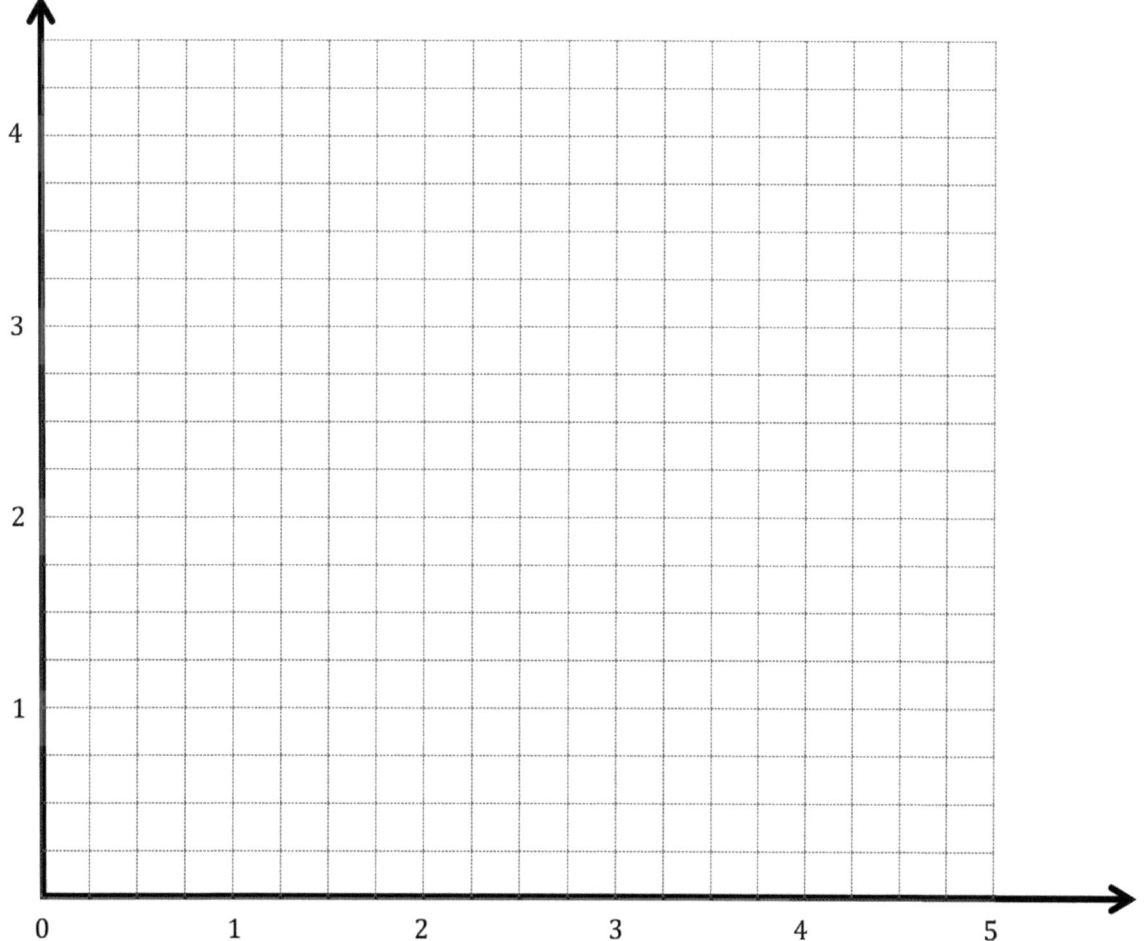

1. Complète le tableau. Puis, trace les points sur le plan de coordonnées.

x	y	(x, y)
3	$1\frac{1}{2}$	$\left(3, 1\frac{1}{2}\right)$
$1\frac{1}{2}$	0	$\left(1\frac{1}{2}, 0\right)$
2	$\frac{1}{2}$	$\left(2, \frac{1}{2}\right)$
$4\frac{1}{2}$	3	$\left(4\frac{1}{2}, 3\right)$

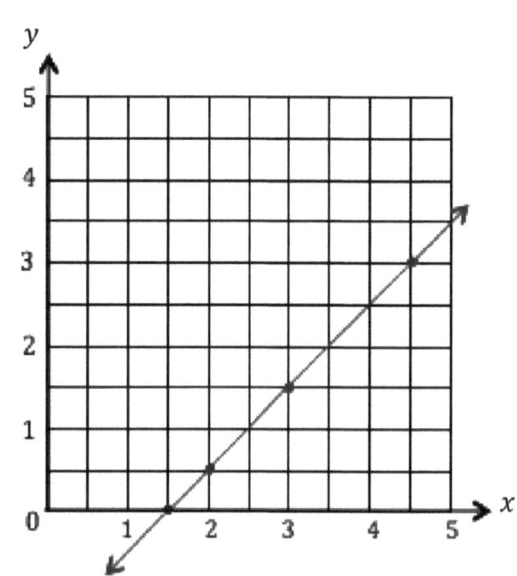

a. Utilise une règle pour tracer une ligne pour relier ces points.

b. Écris une règle montrant la relation entre les coordonnées x et les coordonnées y des points sur cette ligne.

Chaque coordonnée x est $1\frac{1}{2}$ supérieure à sa coordonnée y correspondante.

> J'aurais pu aussi dire que les coordonnées y sont inférieures $1\frac{1}{2}$ aux coordonnées x correspondantes.

c. Nomme les coordonnées de deux autres points qui se trouvent également sur cette ligne.

$\left(2\frac{1}{2}, 1\right)$ et $\left(5, 3\frac{1}{2}\right)$

> Tant que la coordonnée x est $1\frac{1}{2}$ supérieure à la coordonnée y, le point tombera sur cette ligne.

2. Complète le tableau. Puis, trace les points sur le plan de coordonnées.

x	y	(x, y)
$\frac{3}{4}$	3	$\left(\frac{3}{4}, 3\right)$
1	4	$(1, 4)$
$\frac{1}{2}$	2	$\left(\frac{1}{2}, 2\right)$
0	0	$(0, 0)$

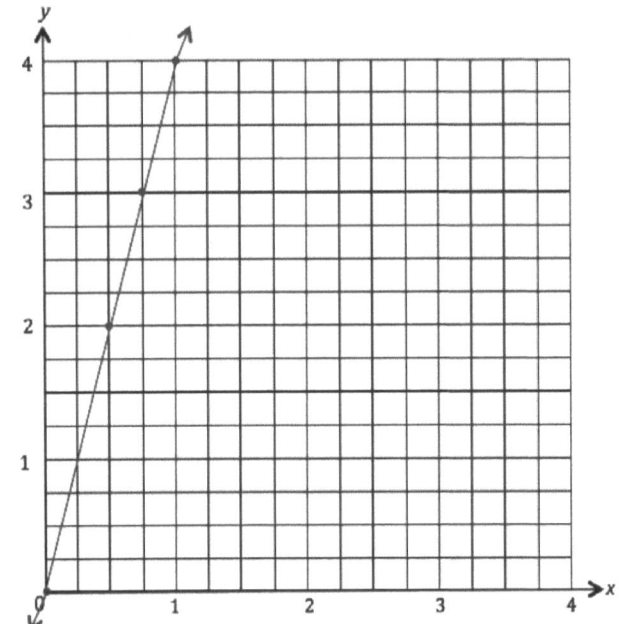

a. Utilise une règle pour tracer une ligne pour relier ces points.

b. Écris une règle montrant la relation entre les coordonnées x et les coordonnées y pour les points sur la ligne.

Chaque coordonnée y est quatre fois plus grande que sa coordonnée x correspondante.

c. Nomme deux autres points qui se trouvent également sur cette ligne.

$(2, 8)$ *et* $\left(\frac{5}{8}, 2\frac{1}{2}\right)$

Cette règle est également correcte: chaque coordonnée x est égale à 1 quart de la coordonnée y correspondante.

3. Utilise le plan de coordonnées pour répondre aux questions suivantes.

   a. Pour tout point sur la ligne r, la coordonnée x est __18__.

   > La coordonnée x indique la distance par rapport à l'axe y.

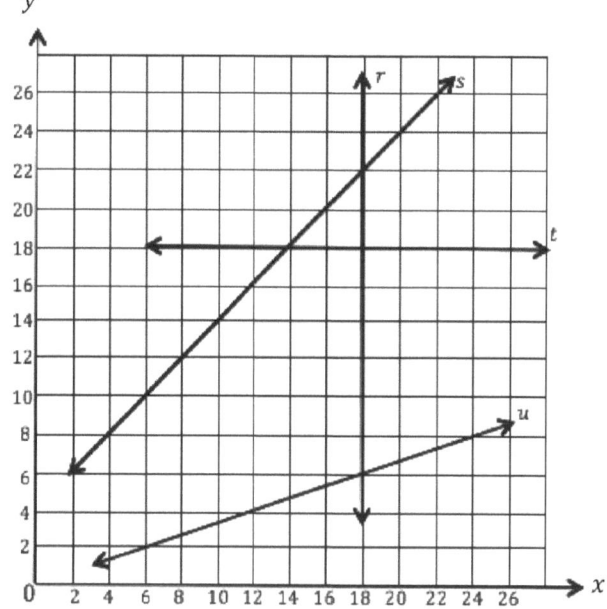

   b. Donne les coordonnées de 3 points qui se trouvent sur la ligne s.

   (4, 8)   (10, 14)   (20, 24)

   c. Écris une règle montrant la relation entre les coordonnées x et les coordonnées y sur la ligne s.

   Chaque coordonnée y est 4 de plus que sa coordonnée x correspondante.

   > Je pourrais aussi dire: «Chaque coordonnée x est inférieure de 4 à la coordonnée y.»

   d. Donne les coordonnées de 3 points qui se trouvent sur la ligne u.

   (6, 2)   (12, 4)   (24, 8)

   e. Écris une règle montrant la relation entre les coordonnées x et les coordonnées y sur la ligne u.

   Chaque coordonnée x est 3 fois plus que la coordonnée y.

   > Je pourrais aussi dire: «Chaque coordonnée y est $\frac{1}{3}$ la valeur de la coordonnée x.»

   f. Chacun de ces points se trouve sur au moins 1 des lignes représentées dans le plan ci-dessus. Identifie une ligne contenant les points suivants.

   (18, 16.3) __r__   (9.5, 13.5) __s__ $\left(16, 5\frac{1}{3}\right)$ __u__   (22.3, 18) __t__

   > Tous les points de la ligne r ont une coordonnée x de 18.

   > Tous les points de la ligne t ont une coordonnée y de 18.

Nom _____ Date _____

1. Complète le tableau. Puis, trace les points sur le plan de coordonnées.

x	y	(x, y)
2	0	
$3\frac{1}{2}$	$1\frac{1}{2}$	
$4\frac{1}{2}$	$2\frac{1}{2}$	
6	4	

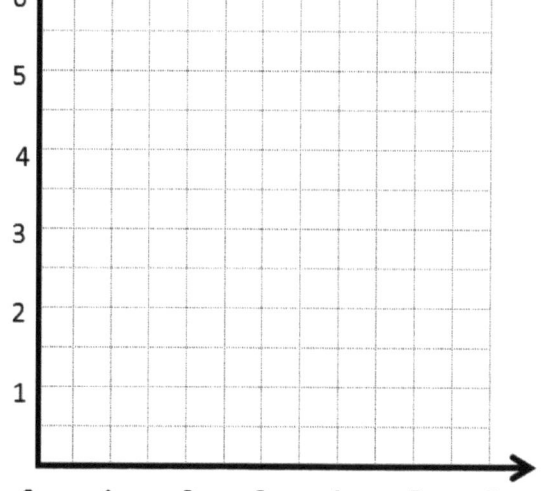

a. Utilise une règle pour tracer une ligne pour relier ces points.

b. Écris une règle montrant la relation entre les coordonnées x et les coordonnées y des points sur cette ligne.

c. Nomme deux autres points qui se trouvent également sur cette ligne.

2. Complète le tableau. Puis, trace les points sur le plan de coordonnées.

x	y	(x, y)
0	0	
$\frac{1}{4}$	$\frac{3}{4}$	
$\frac{1}{2}$	$1\frac{1}{2}$	
1	3	

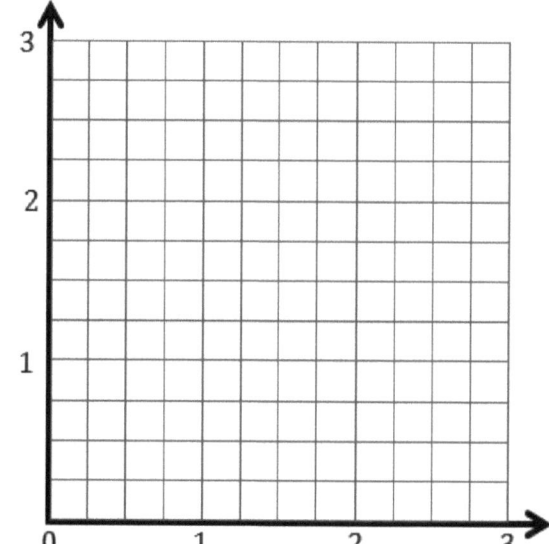

a. Utilise une règle pour tracer une ligne pour relier ces points.

b. Écris une règle montrant la relation entre les coordonnées x et les coordonnées y pour les points sur la ligne.

c. Nomme deux autres points qui se trouvent également sur cette ligne. _____ _____

Leçon 7 : Tracer des points, les utiliser pour dessiner des lignes sur le plan, et décrire des schémas dans les paires de coordonnées.

3. Utilise le plan de coordonnées pour répondre aux questions suivantes.

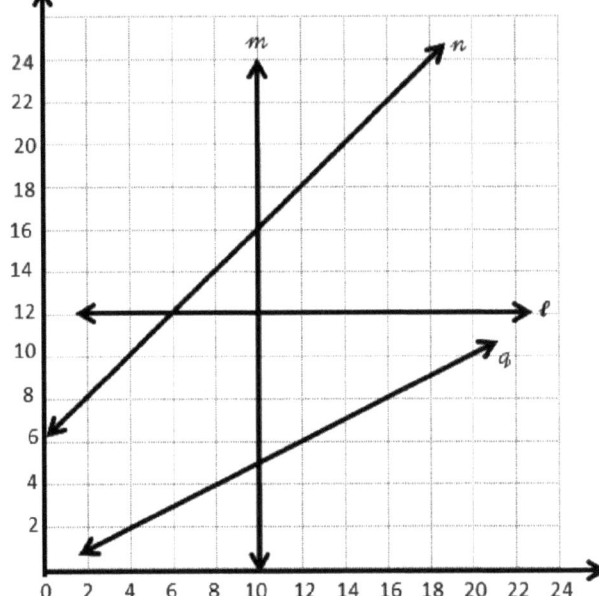

a. Pour tout point sur la ligne m, la coordonnée x est _____.

b. Donne les coordonnées de 3 points qui se trouvent sur la ligne n.

c. Écris une règle montrant la relation entre les coordonnées de x et les coordonnées de y sur la ligne n.

d. Donne les coordonnées de 3 points qui se trouvent sur la ligne q.

e. Écris une règle montrant la relation entre les coordonnées de x et les coordonnées de y sur la ligne q.

f. Identifie une ligne sur laquelle se trouvent chacun de ces points.

i. (10, 3.2) _____

ii. (12.4, 18.4) _____

iii. (6.45, 12) _____

iv. (14, 7) _____

Complète ce tableau de sorte que chaque coordonnée y soit 5 de plus que la coordonnée x correspondante.

x	y	(x, y)
2	7	(2, 7)
4	9	(4, 9)
6	11	(6, 11)

Je choisis des paires de coordonnées qui satisfont à la règle et s'adapteront au plan de coordonnées.

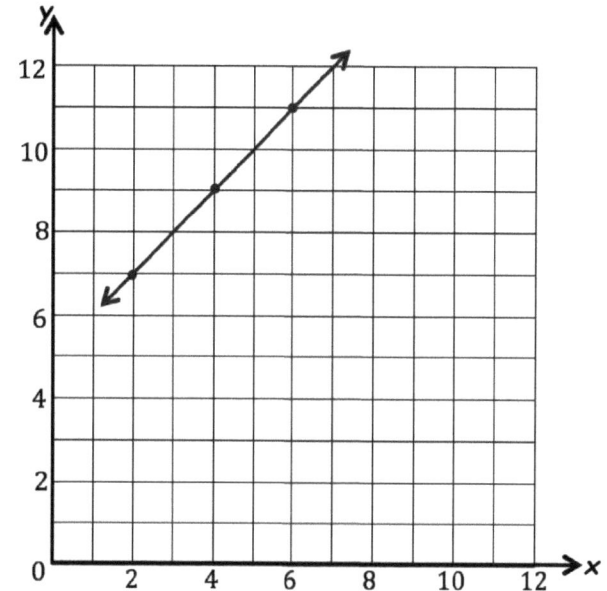

a. Trace chaque point sur le plan de coordonnées.

b. Utilise une règle pour tracer une ligne pour relier ces points.

c. Donne les coordonnées de 3 ui tombent sur cette ligne avec des coordonnées x supérieures à 15.

$(17, 22)$ $\left(20\frac{1}{2}, 25\frac{1}{2}\right)$ $(100, 105)$

Bien que je ne puisse pas voir ces points sur le plan, je sais qu'ils apparaîtront sur la ligne car chaque coordonnée y est 5 de plus que la coordonnée x.

Leçon 8 : Créer un schéma numérique à partir d'une règle donnée, et tracer les points.

Nom _____ Date _____

1. Complète ce tableau de sorte que chaque coordonnée y soit 4 de plus que la coordonnée x correspondante.

x	y	(x, y)

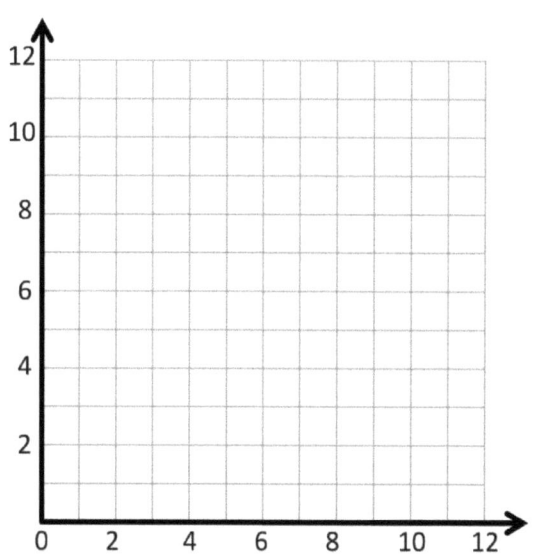

   a. Trace chaque point sur le plan de coordonnées.

   b. Utilise une règle pour tracer une ligne pour relier ces points.

   c. Donne les coordonnées de 2 autres points qui tombent sur cette ligne avec des coordonnées x supérieures à 18.
      (_____ , _____) et (_____ , _____)

2. Complète ce tableau de sorte que chaque coordonnée y soit 2 fois plus que la coordonnée x correspondante.

x	y	(x, y)

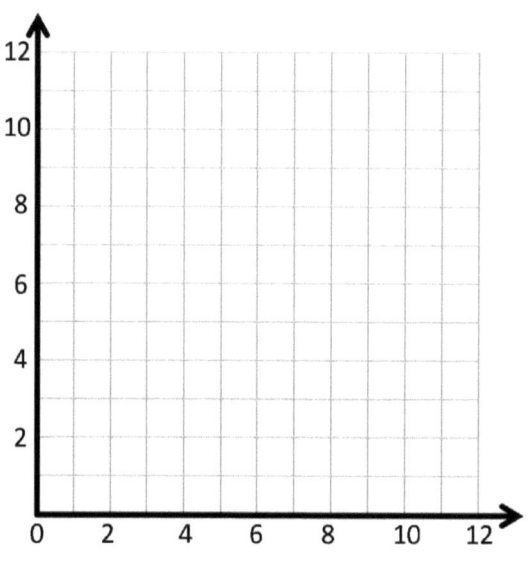

   a. Trace chaque point sur le plan de coordonnées.

   b. Utilise une règle pour tracer une ligne pour relier ces points.

   c. Donne les coordonnées de 2 autres points qui tombent sur cette ligne avec des coordonnées y supérieures à 25.
      (_____ , _____) et (_____ , _____)

Leçon 8 : Créer un schéma numérique à partir d'une règle donnée, et tracer les points.

3. Utilise le plan de coordonnées ci-dessous pour réaliser les tâches suivantes.

   a. Trace ces lignes sur le plan.

   ligne ℓ : x est égale à y

	x	y	(x, y)
A			
B			
C			

   ligne m : y est 1 de moins que x

	x	y	(x, y)
G			
H			
I			

   ligne n : y est 1 de moins que le doub[le]

	x	y	(x, y)
S			
T			
U			

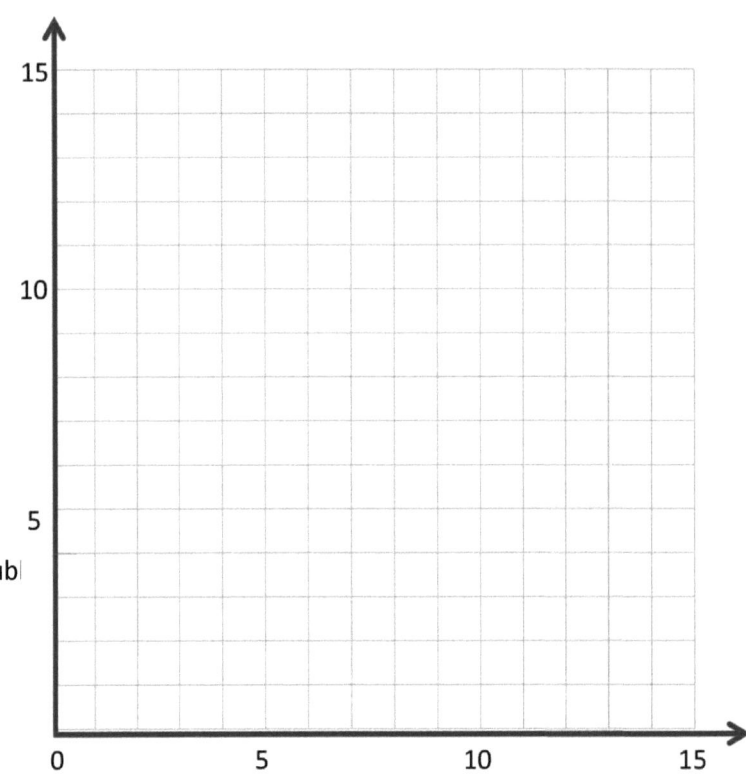

   b. Certaines de ces lignes se croisent-elles ? Si oui, identifie lesquelles et donne les coordonnées de leur intersection.

   c. Certaines de ces lignes sont-elles parallèles ? Si oui, identifie lesquelles.

   d. Donne la règle pour une autre ligne qui serait parallèle aux lignes que tu as énumérées dans le Problème 3 (c).

1. Complète le tableau pour les règles données.

Ligne a

Règle : y est inférieur de 2 à x.

x	y	(x, y)
2	0	(2, 0)
5	3	(5, 3)
10	8	(10, 8)
17	15	(17, 15)

Ligne b

Règle : y est inférieur de 4 à x.

x	y	(x, y)
5	1	(5, 1)
8	4	(8, 4)
14	10	(14, 10)
20	16	(20, 16)

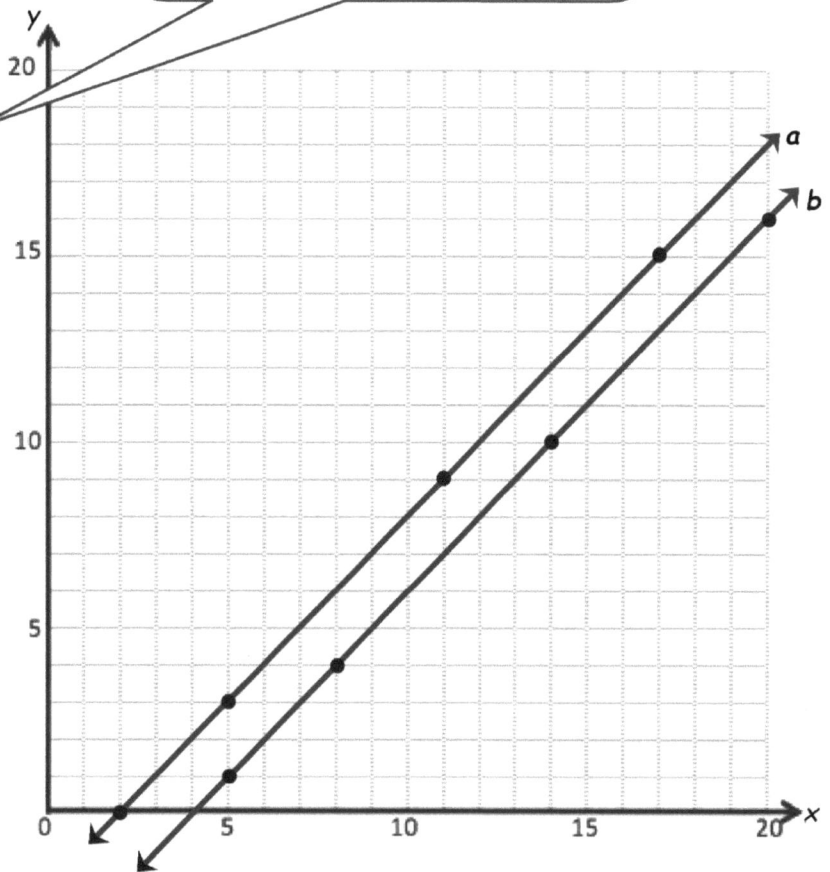

Afin de trouver les coordonnées y, je suis juste la règle, «y est 2 inférieur à x.» Donc, quand x est 5, je trouve le nombre qui est 2 inférieur à 5. $5 - 2 = 3$.
Ainsi, lorsque x vaut 5, y vaut 3.

a. Trace chaque ligne sur le plan de coordonnées.

b. Compare et mets en contraste ces lignes.

Les lignes sont parallèles. Aucune des deux lignes ne passe par l'origine. La ligne b semble être plus proche de l'axe x ou plus en bas et à droite. La ligne a est plus proche de l'axe y et plus en haut et à gauche

c. En te basant sur les schémas que tu vois, prédis à quoi ressemblerait la ligne c, de laquelle la règle y est 6 de moins que x.

Puisque la règle pour la ligne c est également une règle de soustraction, je pense qu'elle sera également parallèle aux lignes a et b. Mais, puisque la règle est « y est 6 de moins que x », je pense qu'elle sera encore plus à droite que la ligne b.

2. Complète le tableau pour les règles données.

Ligne e

Règle : y vaut 2 fois plus que x.

x	y	(x, y)
0	0	(0, 0)
1	2	(1, 2)
4	8	(4, 8)
9	18	(9, 18)

Ligne f

Règle : y vaut la moitié de x.

x	y	(x, y)
0	0	(0, 0)
6	3	(6, 3)
12	6	(12, 6)
18	9	(18, 9)

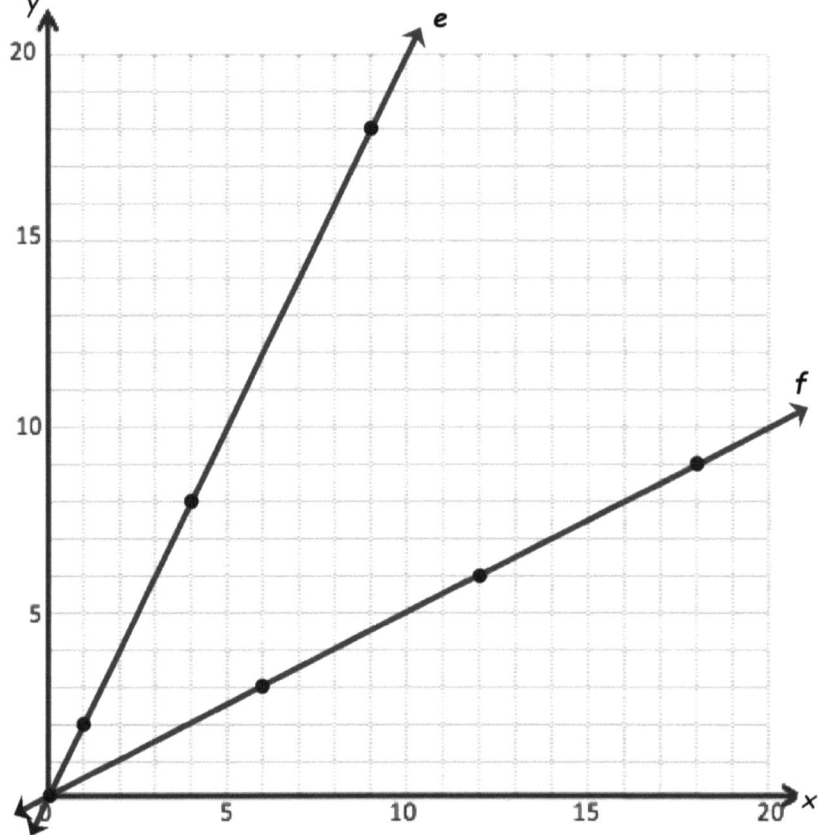

Afin de trouver les coordonnées y, je suis juste la règle, « y est 2 fois plus grand que x. » Donc, quand x est 4, je trouve le nombre qui est 2 fois plus grand que 4 : $4 \times 2 = 8$. donc quand x est 4, y est 8.

a. Trace chaque ligne sur le plan de coordonnées.

b. Compare et mets en contraste ces lignes.

   Les deux lignes passent par l'origine et ne sont pas parallèles. La ligne e est plus pentue que la ligne f.

c. En te basant sur les schémas que tu vois, prédis à quoi ressemblerait la ligne g, dont la règle est y fait 3 fois plus que x, et la ligne h, dont la règle est y est un tiers de x.

   Puisque la règle pour la ligne g est également une règle de multiplication, je pense qu'elle passera également par l'origine. Mais, puisque la règle est « y fait 3 fois plus que x », je pense qu'elle sera encore plus pentue que les lignes e et f.

Nom _____ Date _____

1. Complète le tableau pour les règles données.

Ligne a

Règle : y est 1 de moins que x

x	y	(x, y)
1		
4		
9		
16		

Ligne b

Règle : y est 5 de moins que x

x	y	(x, y)
5		
8		
14		
20		

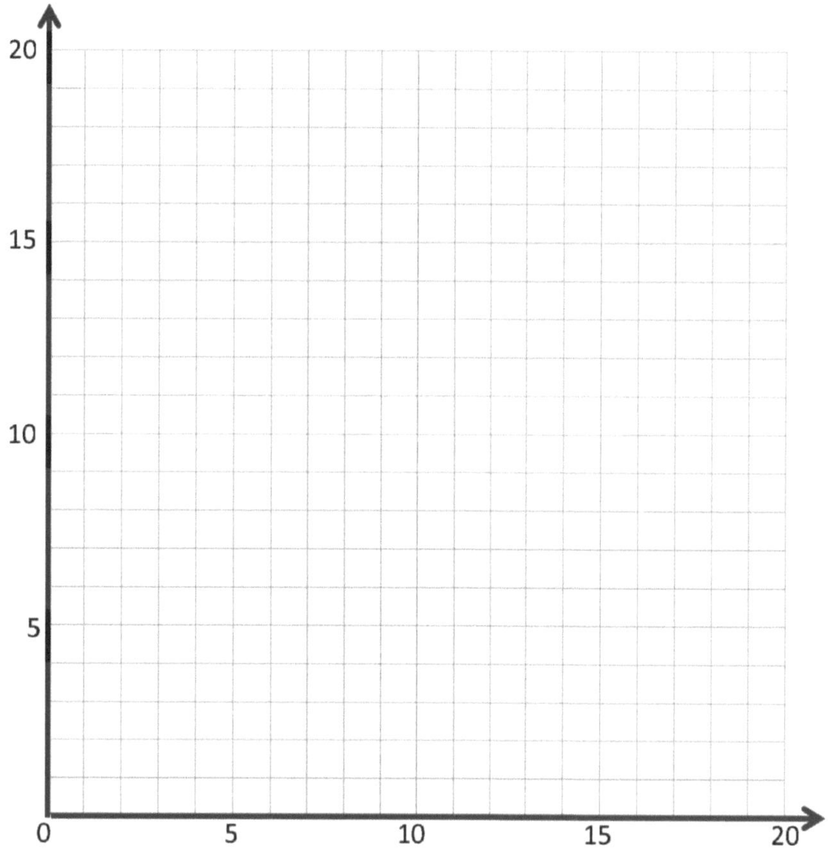

a. Trace chaque ligne sur le plan de coordonnées.

b. Compare et mets en contraste ces lignes.

c. En te basant sur les schémas que tu vois, prédis à quoi ressemblerait la ligne c, dont la règle est y est 7 de moins que x. Dessine ta prédiction dans le plan ci-dessus.

Leçon 9 : Créer deux schémas de nombres à partir de règles données, tracer les points et analyser les schémas.

2. Complète le tableau pour les règles données.

Ligne *e*

Règle : y est 3 fois plus que x

x	y	(x, y)
0		
1		
4		
6		

Ligne *f*

Règle : y est un tiers autant que x

x	y	(x, y)
0		
3		
9		
15		

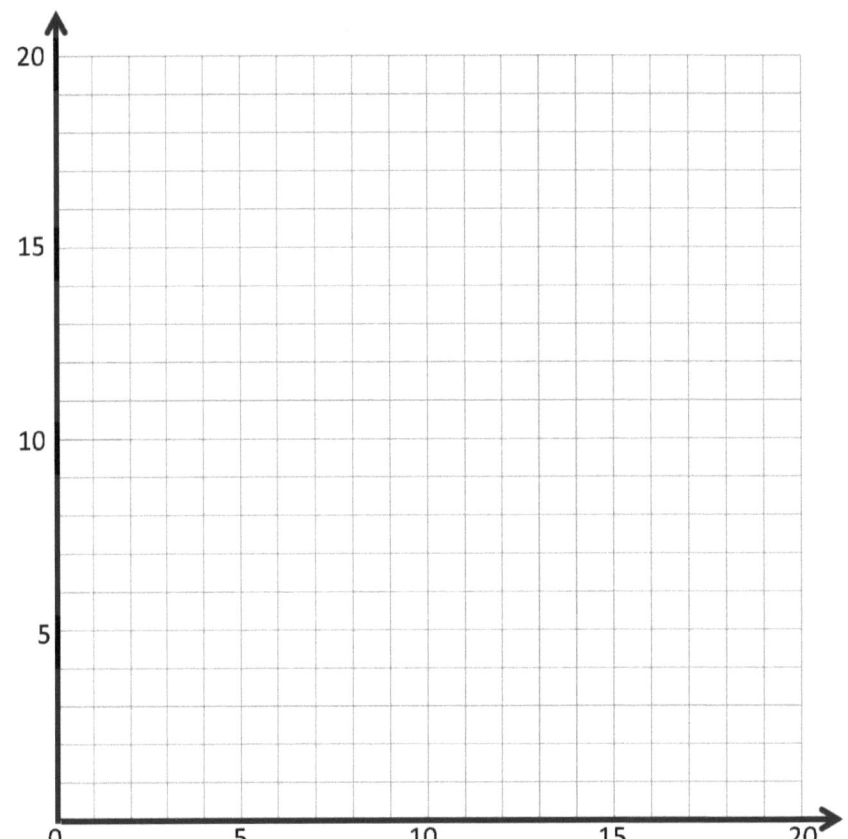

a. Trace chaque ligne sur le plan de coordonnées.

b. Compare et mets en contraste ces lignes.

c. En te basant sur les schémas que tu vois, prédis à quoi ressemblerait la ligne *g*, dont la règle est *y fait 4 fois plus que x*, et la ligne *h*, dont la règle est *y fait un quart de plus que x*. Dessine ta prédiction dans le plan ci-dessus.

1. Utilise le plan de coordonnées pour réaliser les tâches suivantes.

    a. La règle pour la ligne b est «x et y sont égaux». Construire la ligne b.

    > Certaines paires de coordonnées qui suivent cette règle sont
    > (1, 1)   (3, 3)   (6.5, 6.5)

    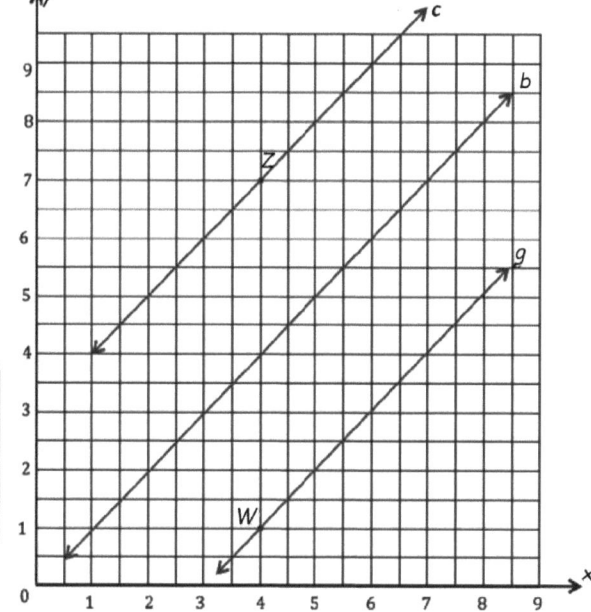

    b. Construisez une ligne, c, parallèle à la ligne b et contenant le point Z.

    > Puisque la ligne c doit être parallèle à la ligne b, la règle de la ligne c doit être une règle d'addition ou de soustraction. La paire de coordonnées pour Z est (4, 7), donc je peux tracer la ligne c le long d'autres paires de coordonnées qui ont une coordonnée y qui est 3 de plus que la coordonnée x.

    c. Nomme 3 paires de coordonnées sur la ligne c.

    (2, 5)   (3, 6)   (6, 9)

    d. Identifiez une règle pour décrire la ligne c.

    > Une autre façon de décrire cette règle est: y est 3 de plus que x.

    x est 3 de moins que y.

    e. Construisez une ligne, g, parallèle à la ligne b et contenant le point W.

    f. Nomme 3 points sur la ligne g.

    (3.5, 0.5)   (6, 3)   (7, 4)

    > Encore une fois, puisque la ligne g doit être parallèle à la ligne b, la règle de la ligne g doit être une règle d'addition ou de soustraction. La paire de coordonnées pour W est (4,1), donc je peux tracer la ligne g le long d'autres paires de coordonnées qui ont une coordonnée y inférieure de 3 à la coordonnée x.

    g. Identifie une règle pour décrire la ligne g.

    x est 3 de plus que y.

h. Compare et mets en contraste les lignes c et g en fonction de leur relation avec la ligne b.

Les lignes c et g sont toutes les deux parallèles à la ligne b.
La ligne c est au-dessus de la ligne b parce que les points sur la ligne c ont des coordonnées y supérieures aux coordonnées x.
La ligne g est au-dessous de la ligne b parce que les points sur la ligne g ont des coordonnées y inférieures aux coordonnées x.

2. Écris une règle pour une quatrième ligne qui serait parallèle à celles du Problème 1 et qui contiendrait le point (5, 6).

    y est 1 de plus que x.

    > Parce que cette ligne est parallèle aux autres, je sais que ce doit être une règle d'addition. Dans la paire de coordonnées donnée, la coordonnée y est 1 de plus que la coordonnée x.

3. Utilise le plan de coordonnées ci-dessous pour réaliser les tâches suivantes.

    a. La ligne b représente la règle «x et y sont égaux».

    > Je peux aussi considérer cela comme une règle de multiplication. «X fois 1 est égal à y.»

    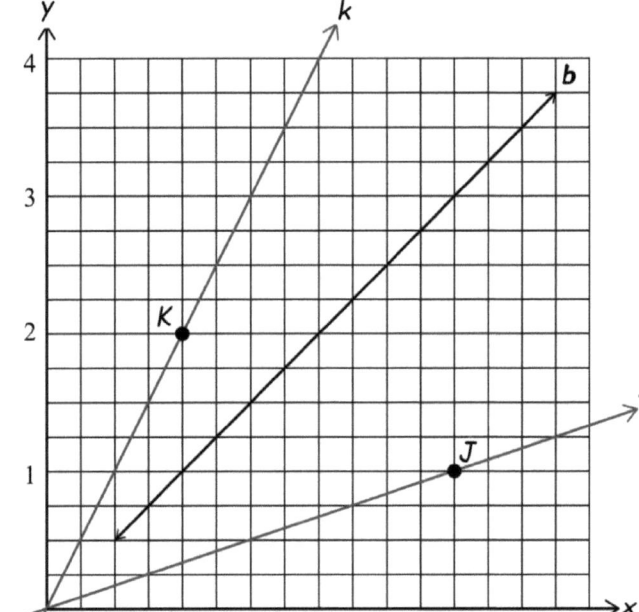

    b. Construis une ligne, j, qui contient l'origine et le point J.

    c. Nomme 3 points sur la ligne j.

    $(3, 1)$ $\left(1\frac{1}{2}, \frac{1}{2}\right)$ $\left(\frac{3}{4}, \frac{1}{4}\right)$

    d. Identifie une règle pour décrire la ligne j.

    x fait 3 fois plus que y.

    > En analysant la relation entre les coordonnées x et y sur la ligne j, je peux voir que chaque coordonnée y est $\frac{1}{3}$ la valeur de sa coordonnée x correspondante.

e. Construis une ligne, k, qui contient l'origine et le point K.

f. Nomme 3 points sur la ligne k.

$\left(\frac{1}{2}, 1\right)$ $\left(1\frac{1}{2}, 3\right)$ $(2, 4)$

g. Identifie une règle pour décrire la ligne k.

x est la moitié de y.

> En analysant la relation entre les coordonnées x et les coordonnées y sur la ligne k, je peux voir que chaque coordonnée y est deux fois la valeur de sa coordonnée x correspondante.

Leçon 10 : Comparer les lignes et les schémas créés par les règles d'addition et les règles de multiplication.

Nom _____ Date _____

1. Utilise le plan de coordonnées pour réaliser les tâches suivantes.

    a. La ligne p représente la règle x et y sont égaux.

    b. Construis une ligne, d, qui est parallèle à la ligne p et qui contient le point D.

    c. Nomme 3 paires de coordonnées sur la ligne d.

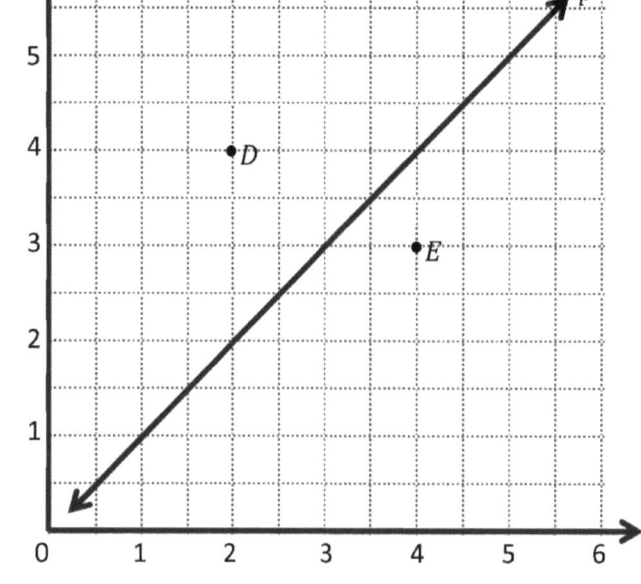

    d. Identifie une règle pour décrire la ligne d.

    e. Construis une ligne, e, qui est parallèle à la ligne p et contient le point E.

    f. Nomme 3 points sur la ligne e.

    g. Identifie une règle pour décrire la ligne e.

    h. Compare et mets en contraste les lignes d et e en fonction de leur relation avec la ligne p.

2. Écris une règle pour une quatrième ligne qui serait parallèle à celles ci-dessus et qui contiendrait le point $(5\frac{1}{2}, 2)$. Explique comment tu le sais.

3. Utilise le plan de coordonnées ci-dessous pour réaliser les tâches suivantes.

   a. La ligne p représente la règle
      x et y sont égaux.

   b. Construis une ligne, v, qui contient l'origine et le point V.

   c. Nomme 3 points sur la ligne v.

   d. Identifie une règle pour décrire la ligne v.

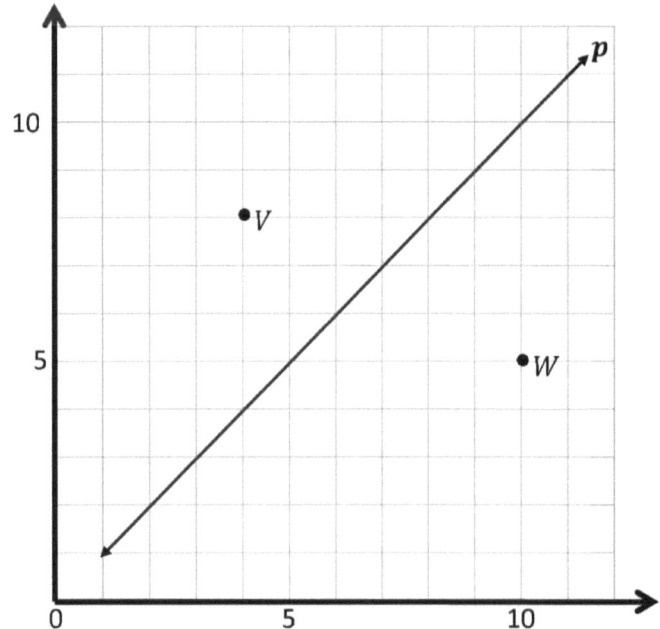

   e. Construis une ligne, w, qui contient l'origine et le point W.

   f. Nomme 3 points sur la ligne w.

   g. Identifie une règle pour décrire la ligne w.

   h. Compare et mets en contraste les lignes v et w en fonction de leur relation avec la ligne p.

   i. Quels schémas vois-tu dans les lignes générées par des règles de multiplication ?

1. Complète les tableaux pour les règles données.

Ligne p

Règle : *Réduire de moitié x.*

x	y	(x, y)
2	**1**	**(2, 1)**
4	**2**	**(4, 2)**
6	**3**	**(6, 3)**

Ligne q

Règle : *Réduire de moitié x, et puis ajouter 1.*

x	y	(x, y)
2	**2**	**(2, 2)**
4	**3**	**(4, 3)**
6	**4**	**(6, 4)**

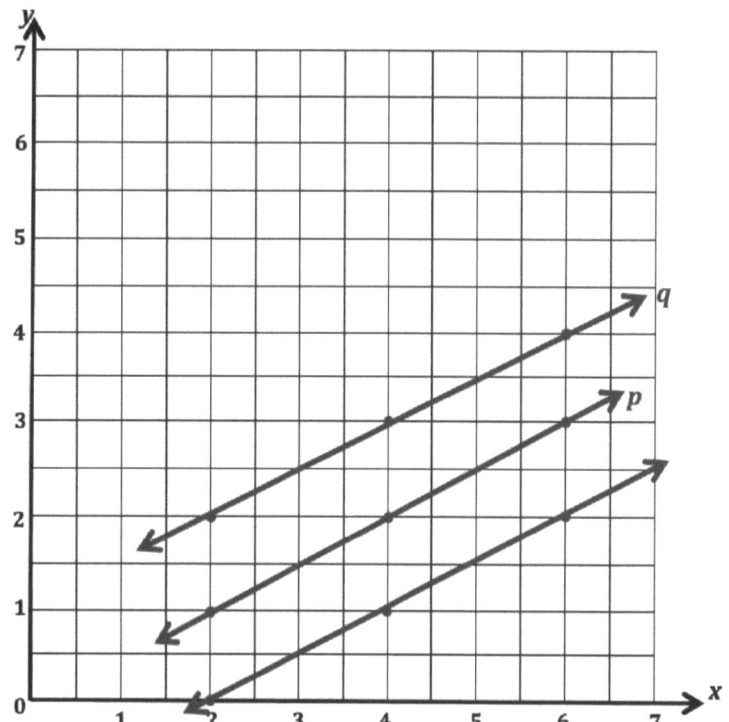

a. Trace chaque ligne sur le plan de coordonnées ci-dessus.

b. Compare et mets en contraste ces lignes.

> La ligne q est au-dessus de la ligne p car la règle dit: «puis ajoutez 1».

Ce sont des lignes parallèles. La ligne q est au-dessus de la ligne p. La distance entre les

c. En te basant sur les schémas que tu vois, prédis à quoi ressemblerait la ligne pour la règle « réduire de moitié x, et puis soustraire 1 ». Dessine ta prédiction dans le plan ci-dessus.

Je prédis que la ligne sera parallèle aux lignes p et q.

Elle sera 1 unité sous la ligne p parce que la règle dit, « puis soustraire 1."

> Je dois rechercher des paires de coordonnées qui suivent la règle « double x, puis ajouter $\frac{1}{2}$. »

2. Entourez le (s) point (s) que la ligne de la règle « double x, puis ajoutez $\frac{1}{2}$ » contiendrait.

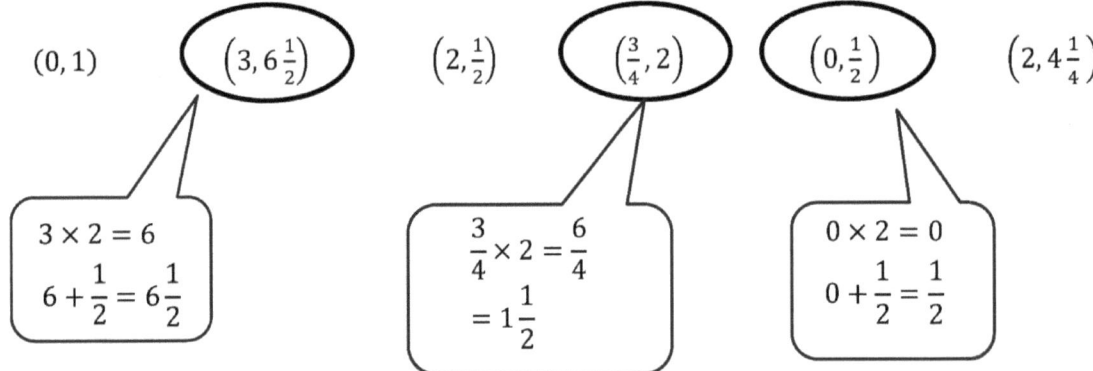

$(0, 1)$ $\left(3, 6\frac{1}{2}\right)$ $\left(2, \frac{1}{2}\right)$ $\left(\frac{3}{4}, 2\right)$ $\left(0, \frac{1}{2}\right)$ $\left(2, 4\frac{1}{4}\right)$

$3 \times 2 = 6$
$6 + \frac{1}{2} = 6\frac{1}{2}$

$\frac{3}{4} \times 2 = \frac{6}{4}$
$= 1\frac{1}{2}$

$0 \times 2 = 0$
$0 + \frac{1}{2} = \frac{1}{2}$

3. Donne deux autres points qui se trouvent également sur cette ligne.

$\left(\frac{1}{2}, 1\frac{1}{2}\right)$ $\left(1, 2\frac{1}{2}\right)$

> Je choisis des valeurs pour les coordonnées x. Ensuite, je les ai doublés $\frac{1}{2}$ et ajoutés pour obtenir les coordonnées y.

Nom _____ Date _____

1. Complète les tableaux pour les règles données.

Ligne ℓ

Règle : *Doubler x*

x	y	(x, y)
1		
2		
3		

Ligne m

Règle : *Doubler x, et puis soustraire 1*

x	y	(x, y)
1		
2		
3		

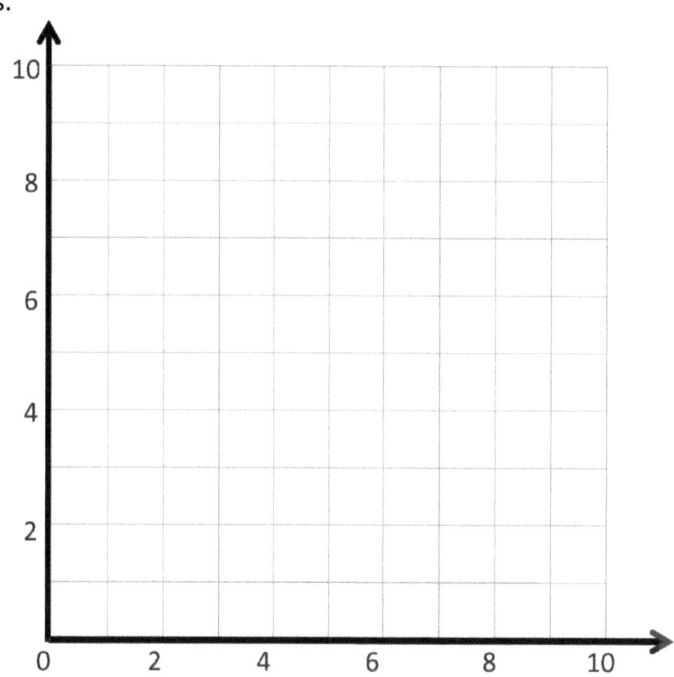

a. Trace chaque ligne sur le plan de coordonnées ci-dessus.

b. Compare et mets en contraste ces lignes.

c. En te basant sur les schémas que tu vois, prédis à quoi ressemblerait la ligne pour la règle *doubler x, et puis ajouter 1*. Dessine ta prédiction dans le plan ci-dessus.

2. Entoure le(s) point(s) que la ligne pour la règle de *multiplication de x par $\frac{1}{2}$, et puis ajouter 1* contiendrait.

   $(0, \frac{1}{2})$ $(2, 1\frac{1}{4})$ $(2, 2)$ $(3, \frac{1}{2})$

a. Explique comment tu le sais.

b. Donne deux autres points qui se trouvent également sur cette ligne.

3. Complète les tableaux pour les règles données.

Ligne ℓ

Règle : *Réduire de moitié x, et puis ajouter 1*

x	y	(x, y)
0		
1		
2		
3		

Ligne m

Règle : *Réduire de moitié x, et puis ajouter $1\frac{1}{4}$*

x	y	(x, y)
0		
1		
2		
3		

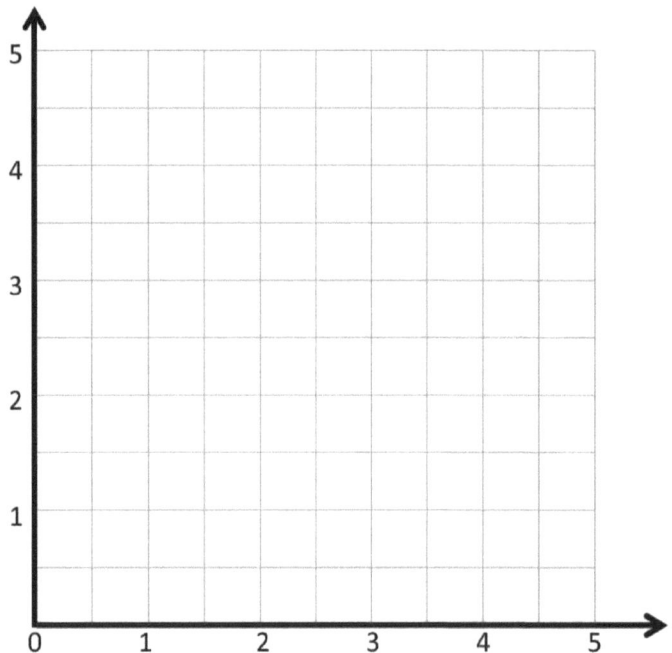

a. Trace chaque ligne sur le plan de coordonnées ci-dessus.

b. Compare et mets en contraste ces lignes.

c. En te basant sur les schémas que tu vois, prédis à quoi ressemblerait la ligne pour la règle *réduire de moitié x, et puis soustraire 1*. Dessine ta prédiction dans le plan ci-dessus.

4. Entoure le(s) point(s) que la ligne pour la règle de *multiplication de x par $\frac{3}{4}$, et puis soustraire $\frac{1}{2}$* contiendrait.

   $(1, \frac{1}{4})$ $(2, \frac{1}{4})$ $(3, 1\frac{3}{4})$ $(3, 1)$

   a. Explique comment tu le sais.

   b. Donne deux autres points qui se trouvent également sur cette ligne.

UNE HISTOIRE D'UNITÉS   Leçon 12 Aide aux devoirs   5•6

1. Écris une règle pour une ligne qui contient les points (0.3, 0.5) et (1.0, 1.2).

   y est 0.2 de plus que x.

   a. Identifie 2 autres points sur cette ligne. Puis, dessine cela sur la grille ci-dessous.

Point	x	y	(x, y)
E	0.7	0.9	(0.7, 0.9)
F	1.5	1.7	(1.5, 1.7)

   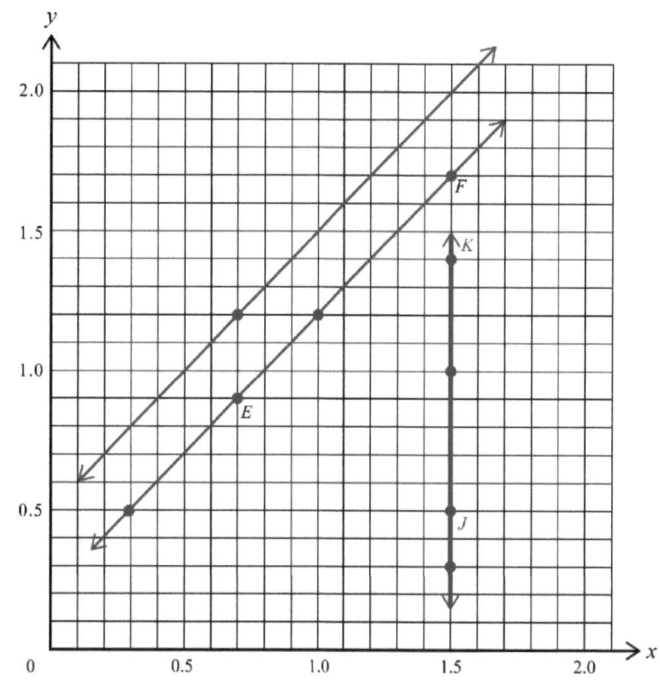

   b. Écris une règle pour une ligne parallèle à $\overleftrightarrow{EF}$ et qui passe par le point (0.7, 1.2). Puis, dessine la ligne sur la grille.

   y est 0, 5 de pus que x.

   > Étant donné que cette ligne doit être parallèle à $\overleftrightarrow{EF}$, il doit s'agir d'une règle d'addition. Dans la paire de coordonnées (0.7, 1.2), je peux voir que la coordonnée y est 0.5 de plus que la coordonnée x.

2. Donne la règle pour la ligne qui contient les points (1,5, 0,3) et (1,5, 1,0).

   x fait toujours 1,5.

   a. Identifie 2 autres points sur cette ligne. Dessine la ligne sur la grille ci-dessus.

Point	x	y	(x, y)
J	1.5	0.5	(1.5, 0.5)
K	1.5	1.4	(1.5, 1.4)

   b. Écris une règle pour une ligne parallèle à $\overleftrightarrow{JK}$

   x fait toujours 1.8.

   > Puisque cette ligne doit être parallèle à $\overleftrightarrow{JK}$, il doit s'agir d'une autre ligne verticale où la coordonnée x est toujours la même.

Leçon 12 : Créer une règle pour générer un schéma numérique, et tracer les points.

UNE HISTOIRE D'UNITÉS — Leçon 12 Aide aux devoirs — 5•6

3. Donne la règle pour la ligne qui contient le point (0.3, 0.9) en utilisant l'opération ou la description ci-dessous. Puis, nomme 2 autres points qui se trouvent sur chaque ligne.

   a. Une addition : **y est supérieur de 0.6 à x.**

Point	x	y	(x, y)
T	0.4	1	(0.4, 1)
U	1	1.6	(1, 1.6)

   b. Une ligne parallèle à l'axe des x : **y vaut toujours 0.9.**

Point	x	y	(x, y)
G	0.4	0.9	(0.4, 0.9)
H	1	0.9	(1, 0.9)

   > Une ligne parallèle à l'axe des x est une ligne horizontale. Les lignes horizontales ont des coordonnées y qui ne changent pas.

   c. Multiplication : **y est x déclenché.**

Point	x	y	(x, y)
A	0.2	0.6	(0.2, 0.6)
B	0.5	1.5	(0.5, 1.5)

   d. Une ligne parallèle à l'axe y : **x vaut toujours 0.3.**

Point	x	y	(x, y)
V	0.3	1.3	(0.3, 1.3)
W	0.3	2	(0.3, 2)

   > Une ligne parallèle à l'axe y est une ligne verticale. Les lignes verticales ont des coordonnées x qui ne changent pas.

   e. Multiplication avec addition : **Doublez x, puis ajoutez 0.3.**

Point	x	y	(x, y)
R	0.4	1.1	(0.4, 1.1)
S	0.5	1.3	(0.5, 1.3)

   > Je peux utiliser la paire de coordonnées d'origine, (0.3, 0.9), pour m'aider à générer une multiplication avec une règle d'addition.
   > $0.3 \times 2 = 0.6$ (Il s'agit de la partie « Double x » de la règle.)
   > $0.6 + 0.3 = 0.9$ (Il s'agit de la partie « puis ajoutez 0.3 » de la règle.)

Leçon 12 : Créer une règle pour générer un schéma numérique, et tracer les points.

Nom _____ Date _____

1. Écris une règle pour une ligne qui contient les points $(0, \frac{1}{4})$ et $(2\frac{1}{2}, 2\frac{3}{4})$.

   a. Identifie 2 autres points sur cette ligne. Puis, dessine la ligne sur la grille ci-dessous.

Point	x	y	(x, y)
B			
C			

   b. Écris une règle pour une ligne parallèle à $\overleftrightarrow{BC}$ et qui passe par le point $(1, 2\frac{1}{4})$.

2. Donne la règle pour la ligne qui contient les points $(1, 2\frac{1}{2})$ et $(2\frac{1}{2}, 2\frac{1}{2})$

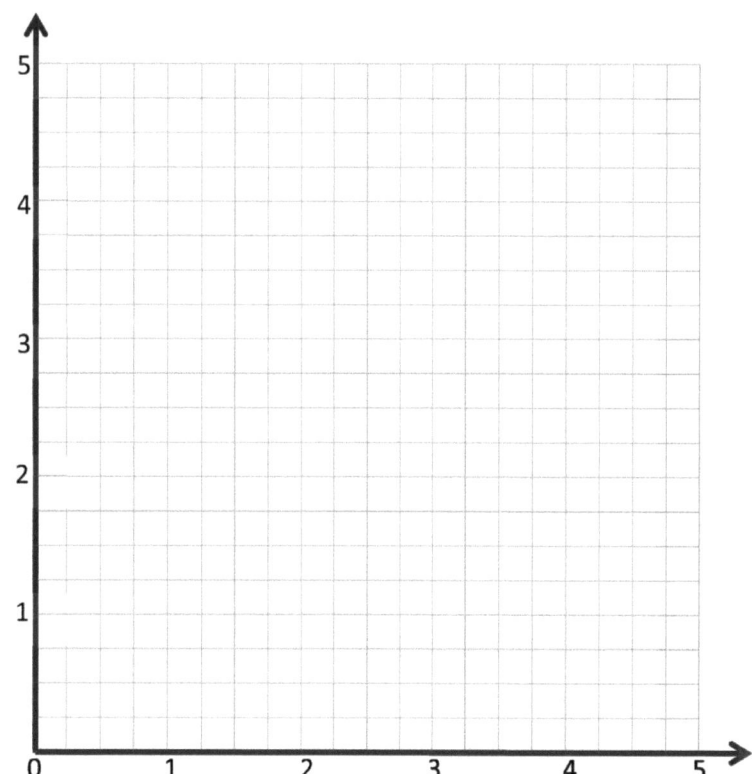

   a. Identifie 2 autres points sur cette ligne. Dessine la ligne sur la grille ci-dessus.

Point	x	y	(x, y)
G			
H			

   b. Écris une règle pour une ligne parallèle à $\overleftrightarrow{GH}$.

UNE HISTOIRE D'UNITÉS — Leçon 12 Aide aux devoirs 5•6

3. Donne la règle pour la ligne qui contient le point $(\frac{3}{4}, 1\frac{1}{2})$ en utilisant l'opération ou la description ci-dessous. Puis, nomme 2 autres points qui se trouveront sur chaque ligne.

   a. Addition : _____

Point	x	y	(x, y)
T			
U			

   b. Une ligne parallèle à l'axe x : _____

Point	x	y	(x, y)
G			
H			

   c. Multiplication : _____

Point	x	y	(x, y)
A			
B			

   d. Une ligne parallèle à l'axe y : _____

Point	x	y	(x, y)
V			
W			

   e. Multiplication avec addition : _____

Point	x	y	(x, y)
R			
S			

4. Sur la grille, deux lignes se croisent à (1.2, 1.2). Si la ligne a passe par l'origine et que la ligne b contient le point (1.2, 0), écris une règle pour la ligne a et la la ligne b.

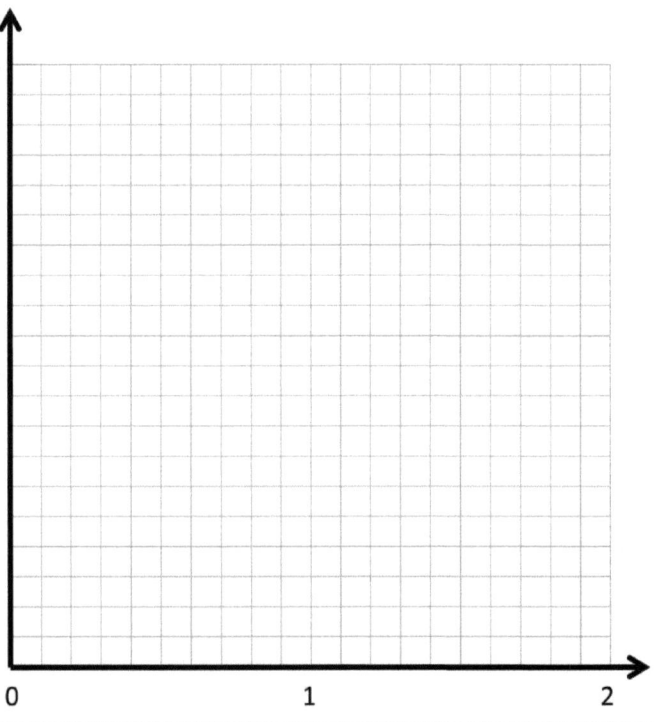

Leçon 12 : Créer une règle pour générer un schéma numérique, et tracer les points.

1. Maya et Ruvio ont utilisé leurs modèles d'angle droit et leurs règles pour dessiner un ensemble de lignes parallèles. Qui a dessiné un ensemble correct de lignes parallèles et pourquoi ?

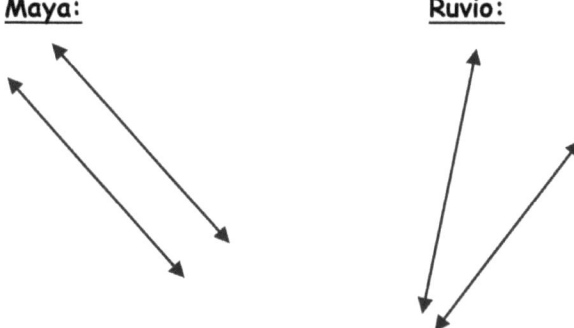

Maya a dessiné un ensemble correct de lignes parallèles parce que si l'on prolonge ses lignes, elle ne vont jamais se croiser (se toucher). Si l'on prolonge les lignes de Ruvio, elles vont se croiser.

2. Sur la grille ci-dessous, Maya a entouré tous les ensembles de segments qu'elle pense être parallèles. A-t-elle raison ? Pourquoi ou pourquoi pas ?

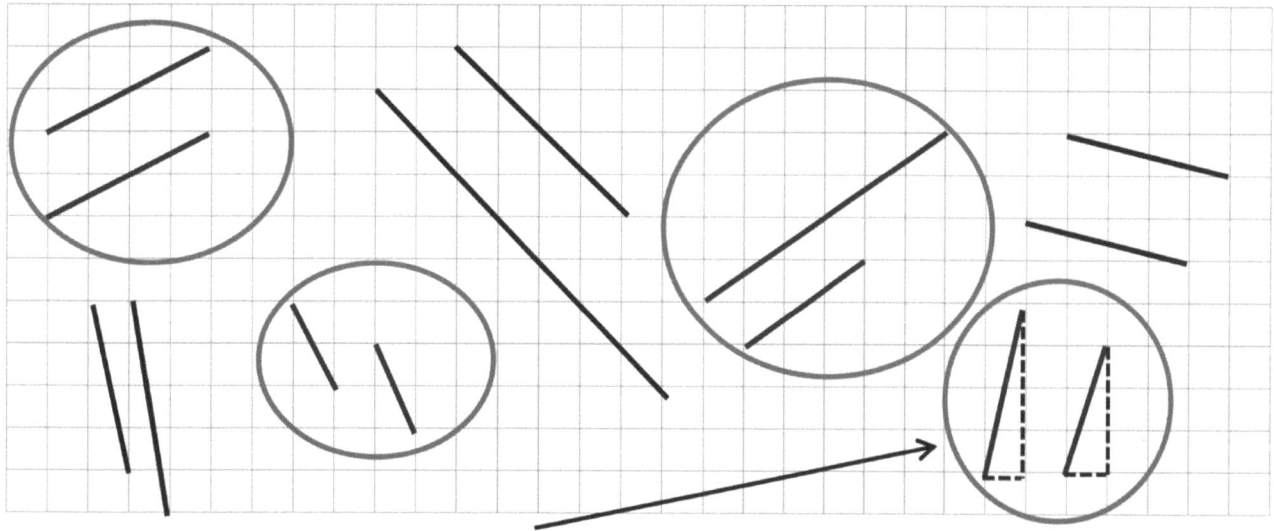

Maya n'a pas tout à fait raison. Cet ensemble n'est pas parallèle. J'ai dessiné une ligne pointillée horizontale et verticale près de chaque segment pour compléter un triangle. Même si les deux triangles ont une base de 1, le triangle de gauche est plus grand. Je peux voir que si je prolongeais ces segments, ils finiraient par se croiser. Ces segments ne sont pas parallèles. De plus, Maya n'a pas entouré tous les ensembles de segments parallèles.

3. Utilise ta règle pour dessiner un segment parallèle à chaque segment en passant par le point donné.

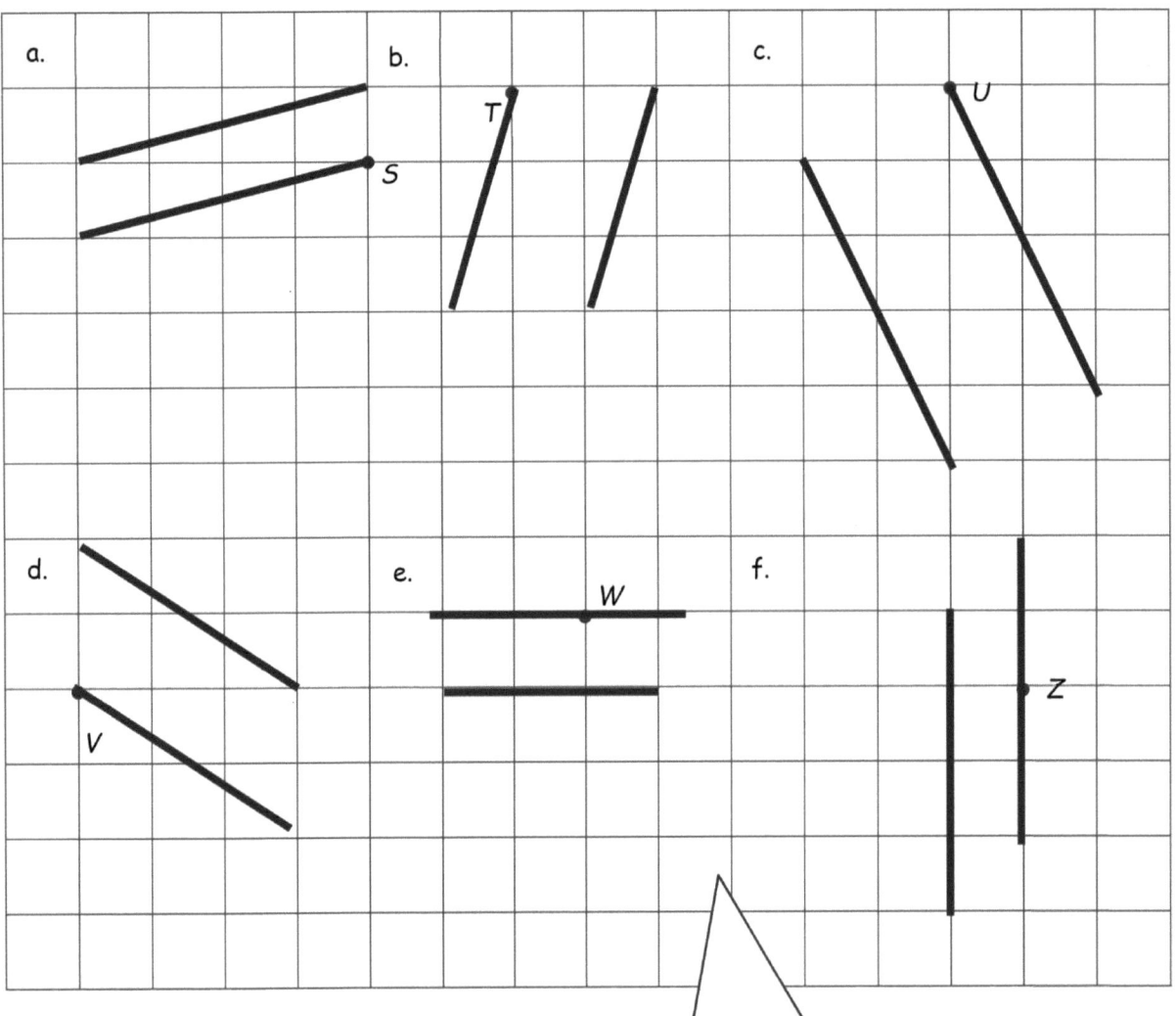

Je sais que les lignes ne doivent pas nécessairement être exactement de la même longueur tant qu'elles sont toujours à la même distance en chaque point.

Leçon 13 : Construisez des segments de ligne parallèles sur une grille rectangulaire.

Nom _____ Date _____

1. Utilise ton modèle d'angle droit et ta règle pour dessiner au moins trois ensembles de lignes parallèles dans l'espace plus bas.

2. Entoure les segments qui sont parallèles.

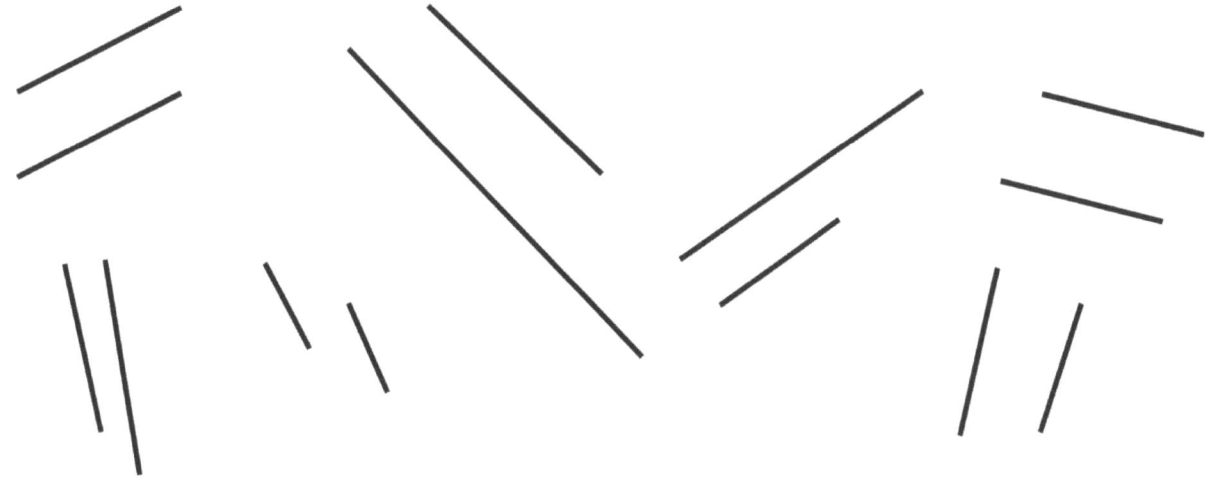

3. Utilise ta règle pour dessiner un segment parallèle à chaque segment en passant par le point donné.

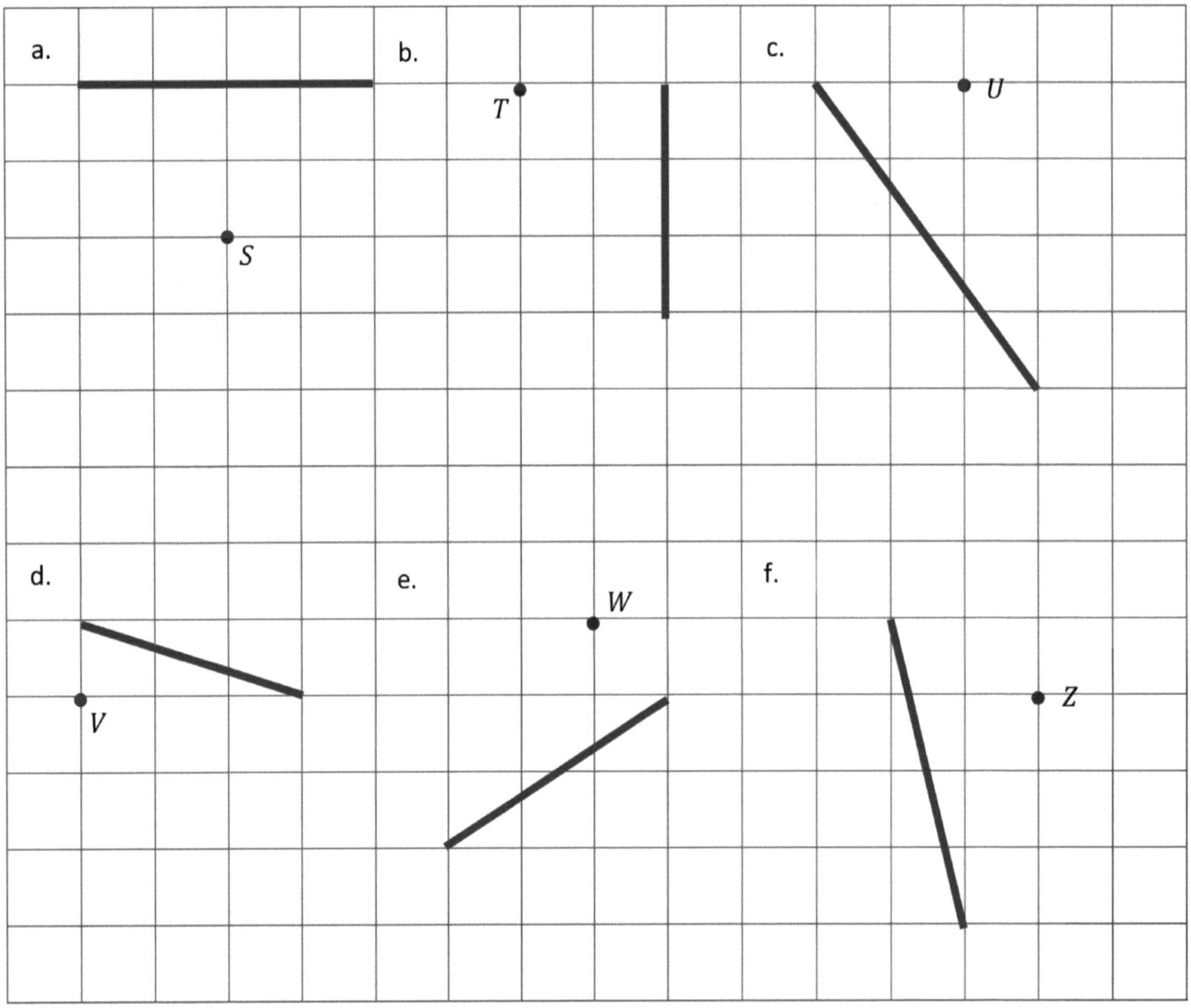

4. Dessines 2 lignes différentes parallèles à la ligne ⏃. ℓ.

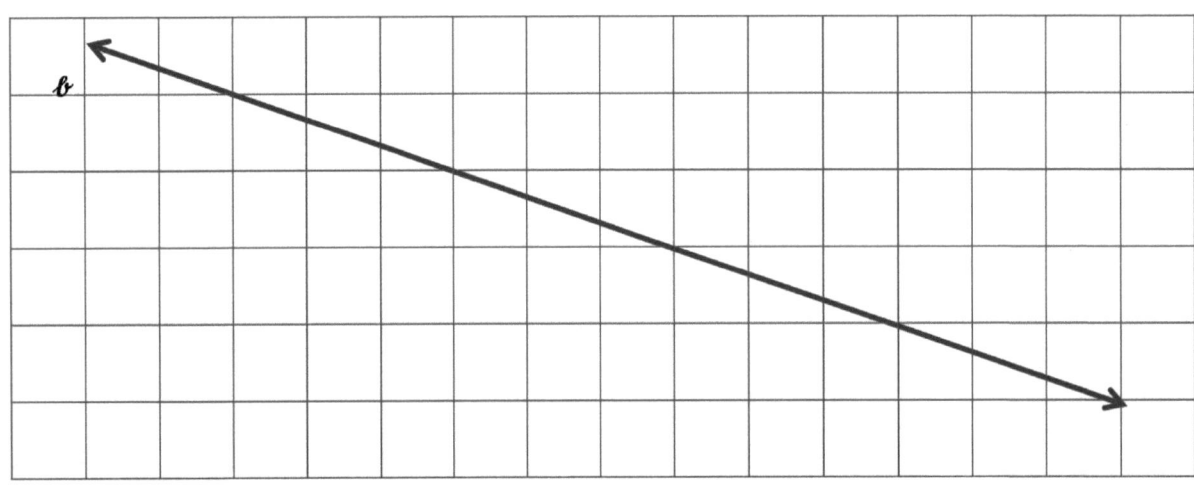

1. Utilise le plan de coordonnées ci-dessous pour réaliser les tâches suivantes.

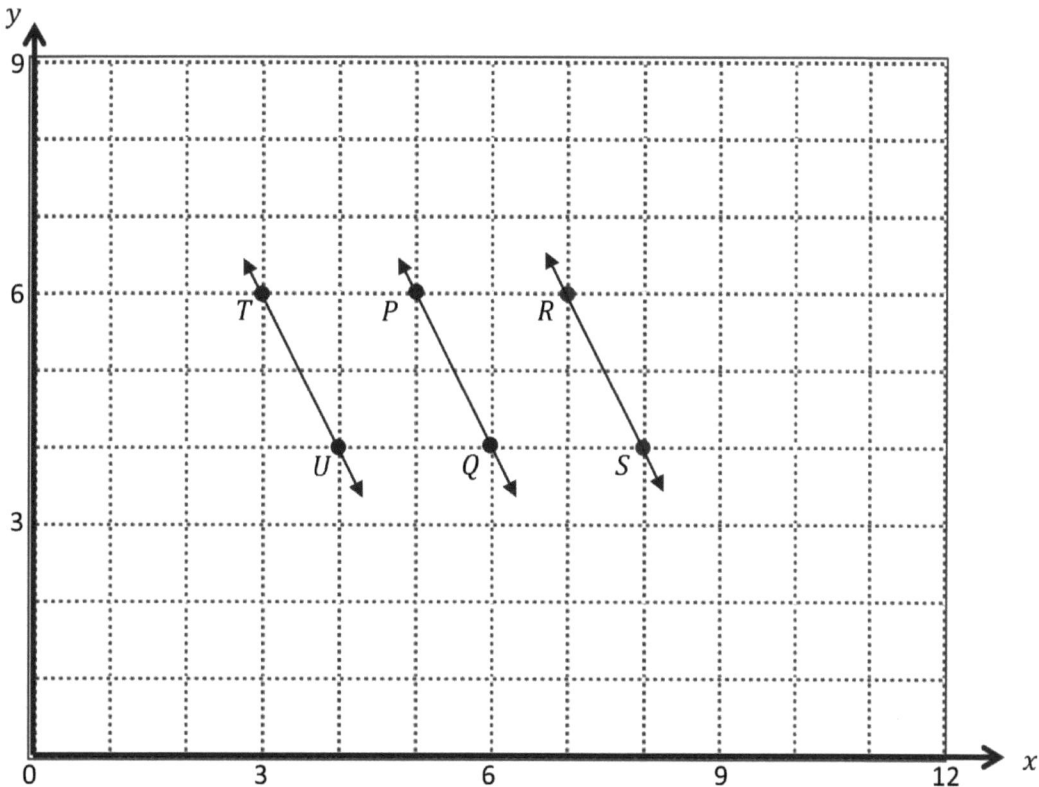

a. Identifie les positions de P et de Q. P (**5** , **6**) Q (**6** , **4**)

b. Dessine $\overrightarrow{PQ}$.

> Le symbole $\perp$ signifie perpendiculaire.
> Le symbole $\parallel$ signifie parallèle.

c. Trace les paires de coordonnées suivantes sur le plan : R (7, 6) S (8, 4)

d. Dessine $\overrightarrow{RS}$.

e. Entoure la relation entre $\overrightarrow{PQ}$ et $\overrightarrow{RS}$. $\overrightarrow{PQ} \perp \overrightarrow{RS}$ $\boxed{\overrightarrow{PQ} \parallel \overrightarrow{RS}}$

f. Donne les coordonnées d'une paires de points, T et U, de sorte que $\overrightarrow{TU} \parallel \overrightarrow{PQ}$.

T (__3__, __6__)   U (__4__, __4__)

> Il existe de nombreux ensembles de coordonnées possibles qui rendraient $\overrightarrow{TU}$ parallèle à $\overrightarrow{PQ}$. Je peux garder les coordonnées y identiques et déplacer les coordonnées x de 2 unités vers la gauche.

g. Dessine $\overrightarrow{TU}$.

2. Utilise le plan de coordonnées ci-dessous pour réaliser les tâches suivantes.

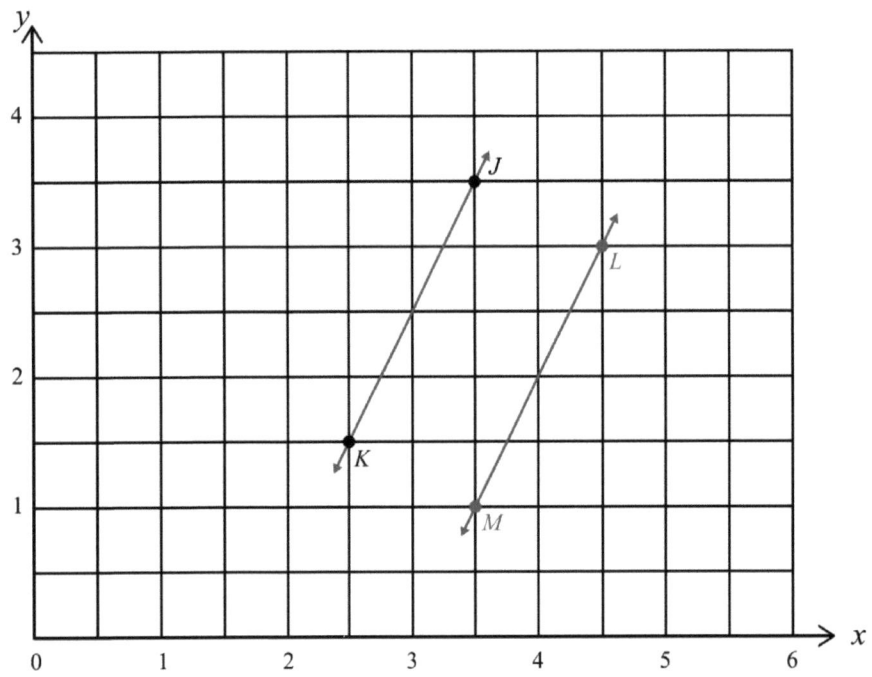

a. Identifie les positions de J et de K. $J\ \left(3\tfrac{1}{2},\ 3\tfrac{1}{2}\right)$ $K\ \left(2\tfrac{1}{2},\ 1\tfrac{1}{2}\right)$

b. Dessine $\overrightarrow{JK}$.

c. Crée des paires de coordonnées pour L et M de sorte que $\overrightarrow{JK} \parallel \overrightarrow{LM}$. $L\ \left(4\tfrac{1}{2},\ 3\right)$ $M\ \left(3\tfrac{1}{2},\ 1\right)$

d. Dessine $\overrightarrow{LM}$.

e. Explique le schéma que tu as utilisé quand tu as créé les paires de coordonnées pour L et M.

J'ai visualisé que je déplaçais les points J et K d'une unités vers la <u>droite</u>, ce qui correspond à deux lignes de la grille. Par conséquent, les coordonnées sur x de L et M sont plus grandes de 1 que celles de J et K.

Ensuite, j'ai visualisé que je déplaçais les deux points <u>vers le bas</u> od'une demi unité, ce qui correspond à une ligne sur la grille. Par conséquent, les coordonnées y de L et M sont plus petites de $\tfrac{1}{2}$ que celles de J et K.

Nom _____ Date _____

1. Utilise le plan de coordonnées ci-dessous pour réaliser les tâches suivantes.

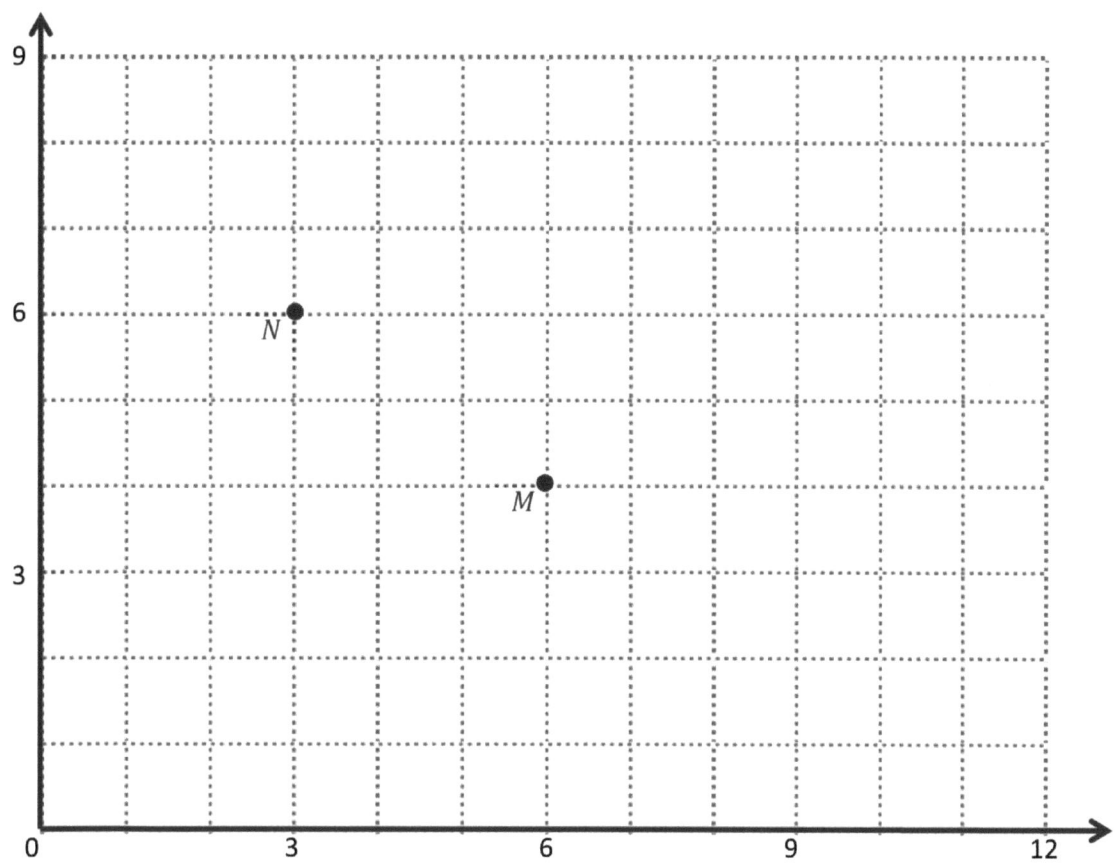

a. Identifie les positions de M et de N.   M : (____, ____)   N : (____, ____)
b. Dessine $\overleftrightarrow{MN}$.
c. Trace les paires de coordonnées suivantes sur le plan.
   J : (5, 7)   K : (8, 5)
d. Desine $\overleftrightarrow{JK}$.
e. Entoure la relation entre $\overleftrightarrow{MN}$ et $\overleftrightarrow{JK}$. $\overleftrightarrow{MN} \wedge \overleftrightarrow{JK}$ $\overleftrightarrow{MN} \parallel \overleftrightarrow{JK}$

f. Donne les coordonnées d'une paire de points, F et G, de sorte que $\overleftrightarrow{FG} \parallel \overleftrightarrow{MN}$.
   F : (____, ____)   G : (____, ____)

g. Dessine $\overleftrightarrow{FG}$.

2. Utilise le plan de coordonnées ci-dessous pour réaliser les tâches suivantes.

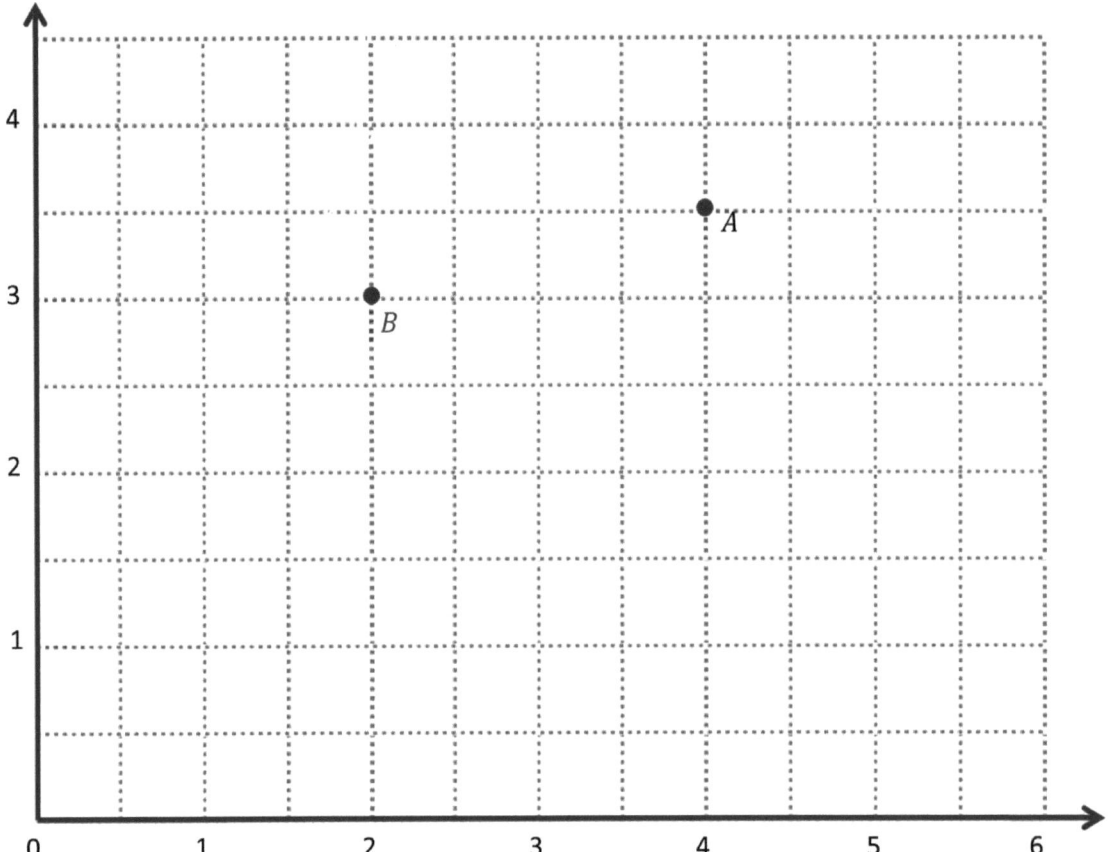

a. Identifie les positions de A et de B.   A : (___, ___)   B : (___, ___)

b. Dessine $\overrightarrow{AB}$.

c. Crée des paires de coordonnées pour C et D, de sorte que $\overrightarrow{AB} \parallel \overrightarrow{CD}$.

$$C : (\_\_\_, \_\_\_) \qquad D : (\_\_\_, \_\_\_)$$

d. Dessine $\overrightarrow{CD}$.

e. Explique le schéma que tu as utilisé quand tu as créé les paires de coordonnées pour C et D.

f. Donne les coordonnées d'un point, F, de sorte quet $\overrightarrow{AB} \parallel \overrightarrow{EF}$.

$$E: (2\tfrac{1}{2}, 2\tfrac{1}{2}) \qquad F : (\_\_\_, \_\_\_)$$

g. Explique comment tu as choisi les coordonnées pour F.

UNE HISTOIRE D'UNITÉS · Leçon 15 Aide aux devoirs · 5•6

1. Entourez les paires de segments perpendiculaires.

Les segments perpendiculaires se croisent et forment des angles de 90° ou droits.

L'angle formé par ces segments est supérieur à 90°. Ces segments ne sont pas perpendiculaires.

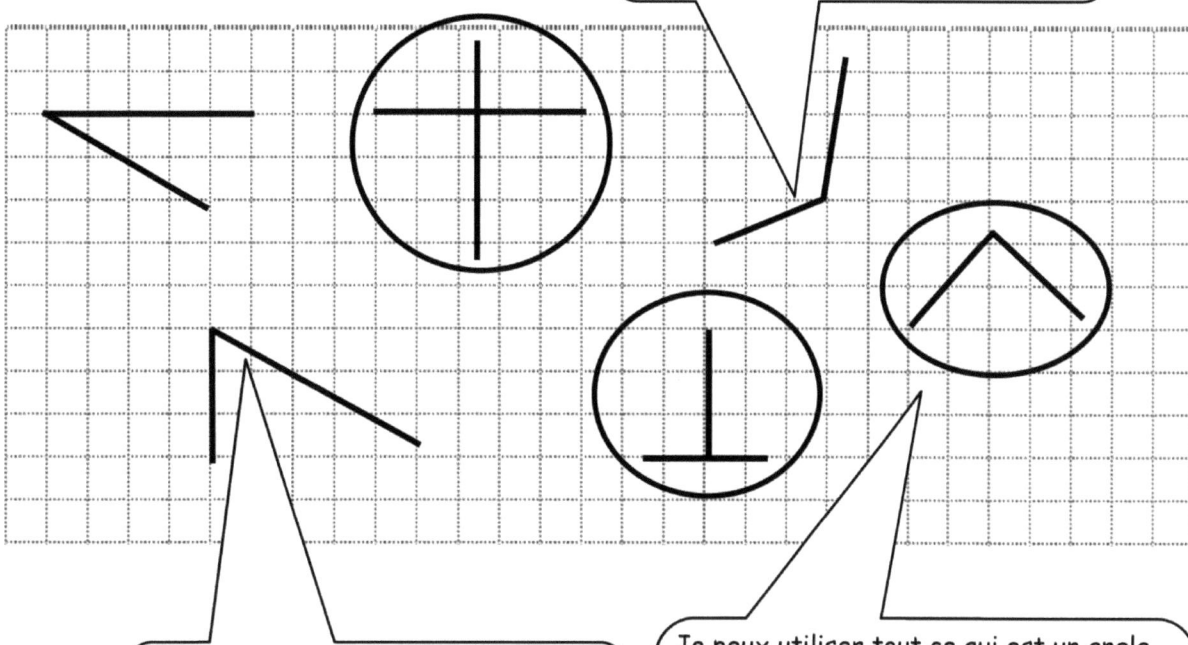

L'angle formé par ces segments est inférieur à 90°. Ces segments ne sont pas perpendiculaires.

Je peux utiliser tout ce qui est un angle droit, comme le coin d'un papier, pour voir s'il s'inscrit dans l'angle où les lignes se croisent. Si cela correspond parfaitement, alors je sais que les lignes sont perpendiculaires.

Leçon 15 : Construisez des segments de ligne perpendiculaires sur une grille rectangulaire.

UNE HISTOIRE D'UNITÉS   **Leçon 15 Aide aux devoirs**   5•6

2. Dessine un segment perpendiculaire à chaque segment donné. Montre ton raisonnement en dessinant des triangles au besoin.

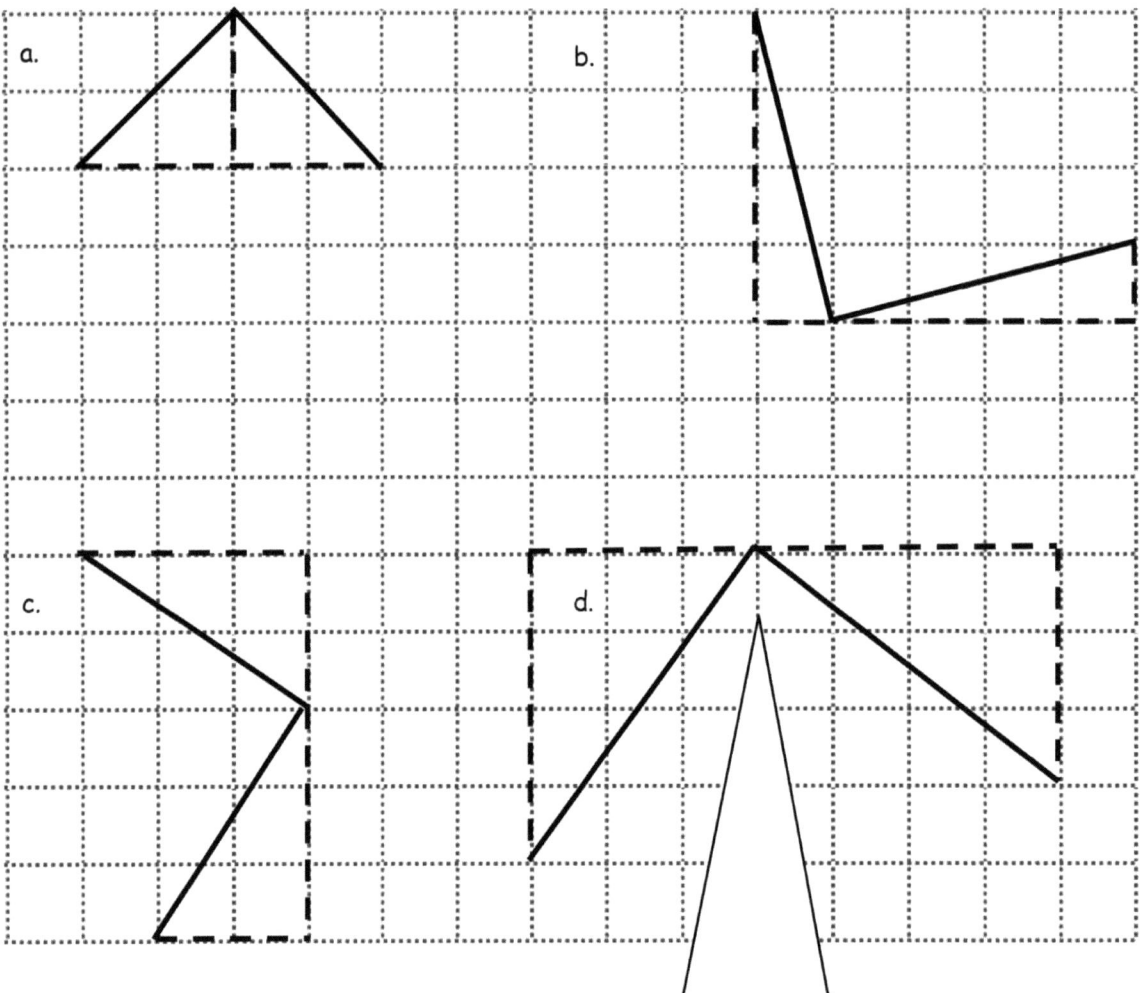

Je peux esquisser 2 côtés manquants pour créer un triangle. Ensuite, si je visualise le faire pivoter et le faire glisser, je peux dessiner un segment perpendiculaire en esquissant le côté le plus long du triangle.

Nom _____ Date _____

1. Entoure les paires de segments qui sont perpendiculaires.

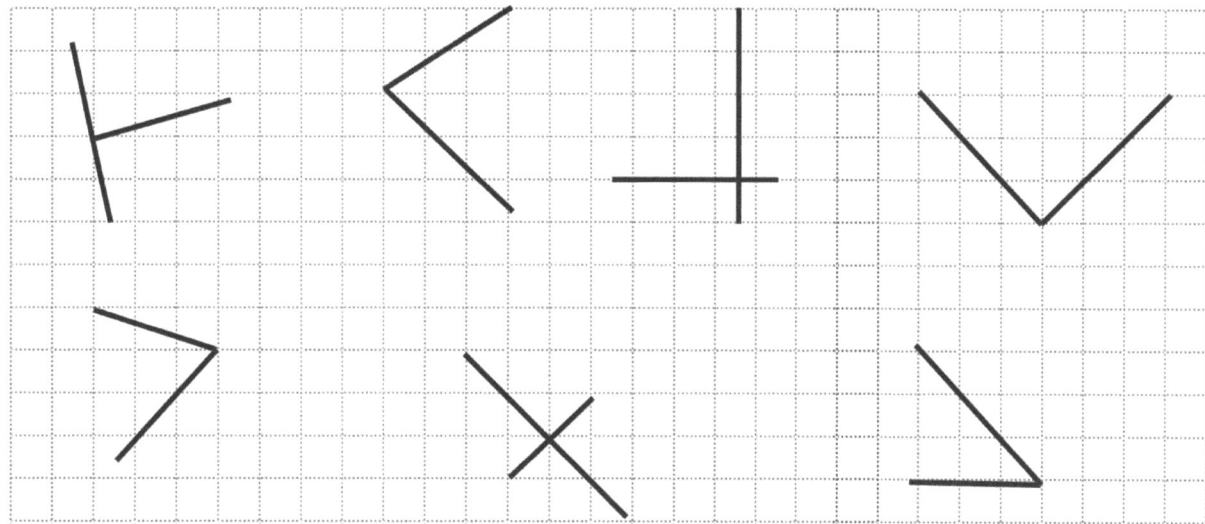

2. Dans l'espace ci-dessous, utilise tes modèles de triangles rectangles pour dessiner au moins 3 ensembles différents de lignes perpendiculaires.

3. Dessine un segment perpendiculaire à chaque segment donné. Montre ton raisonnement en dessinant des triangles au besoin.

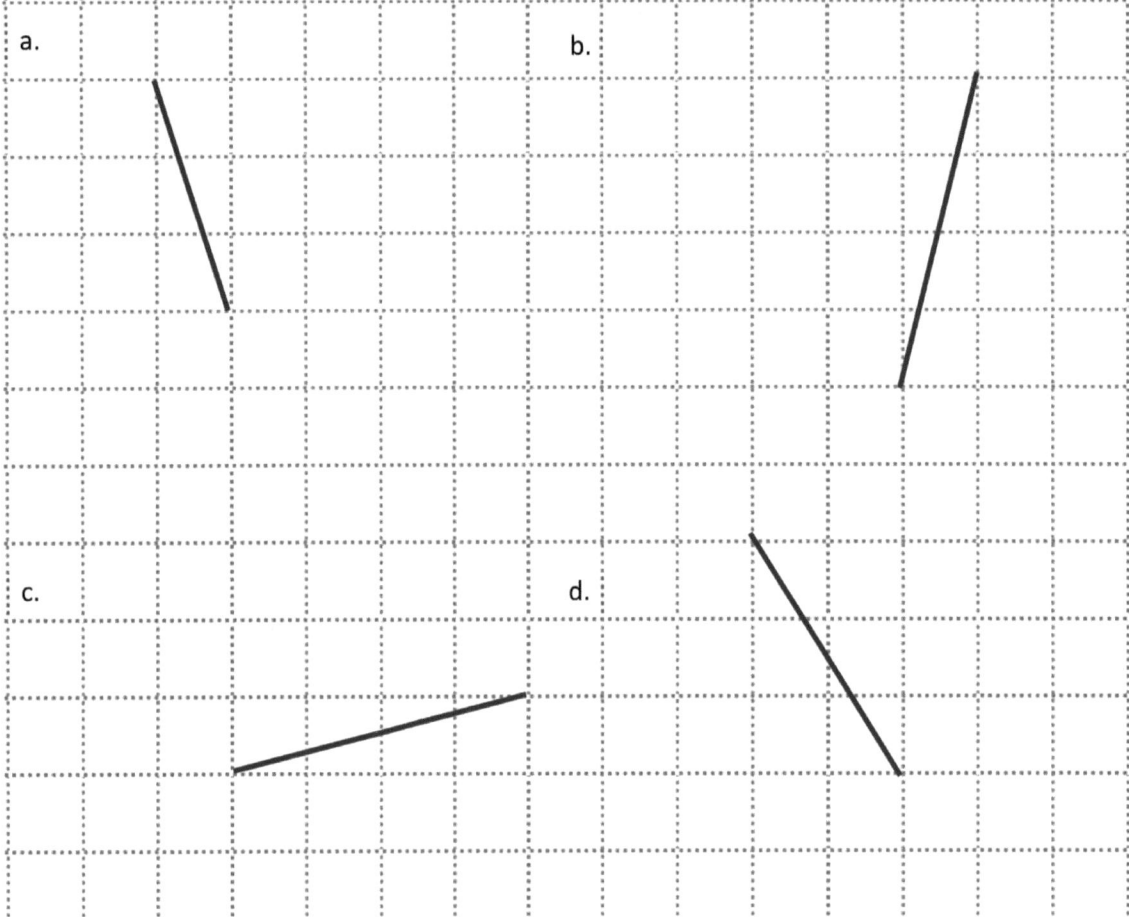

4. Dessine 2 lignes perpendiculaires différentes à la ligne b.

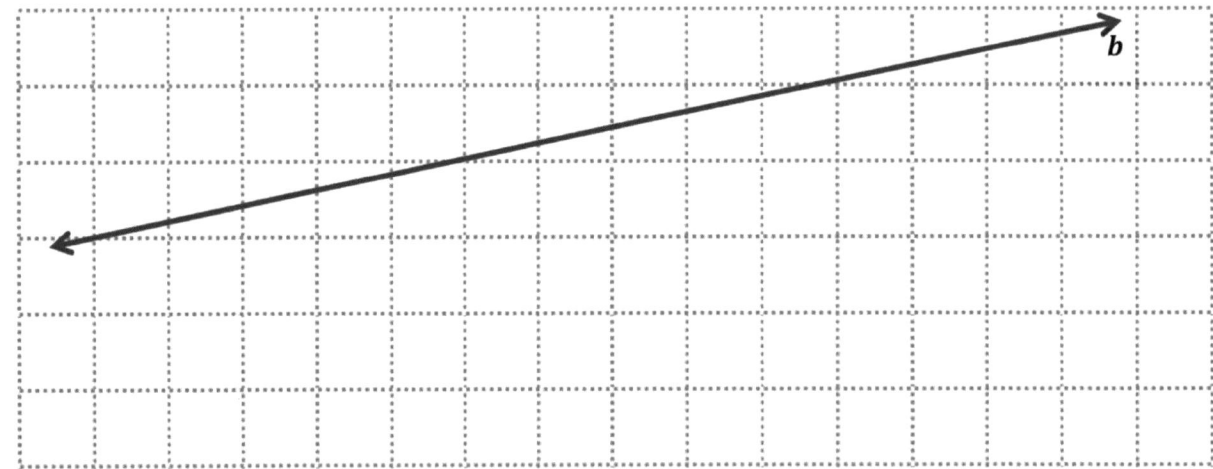

UNE HISTOIRE D'UNITÉS
Leçon 16 Aide aux devoirs 5•6

1. Dans le triangle de droite, la mesure de l'angle L est de 50°. Quelle est la mesure de l'angle K ?

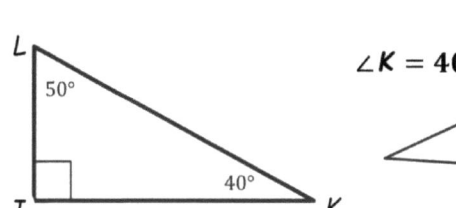

$\angle K = 40°$

La somme des angles intérieurs de tous les triangles est de 180°. Le triangle JKL est un triangle rectangle. Puisque $\angle J$ est 90° et $\angle L$ est 50°, $\angle K$ doit être 40°.
$180° - 90° - 50° = 40°$

2. Utilise le plan de coordonnées ci-dessous pour réaliser les tâches suivantes.

    a. Dessine $\overline{KL}$.

    b. Trace le point $(5, 8)$.

    c. Dessine $\overline{LM}$.

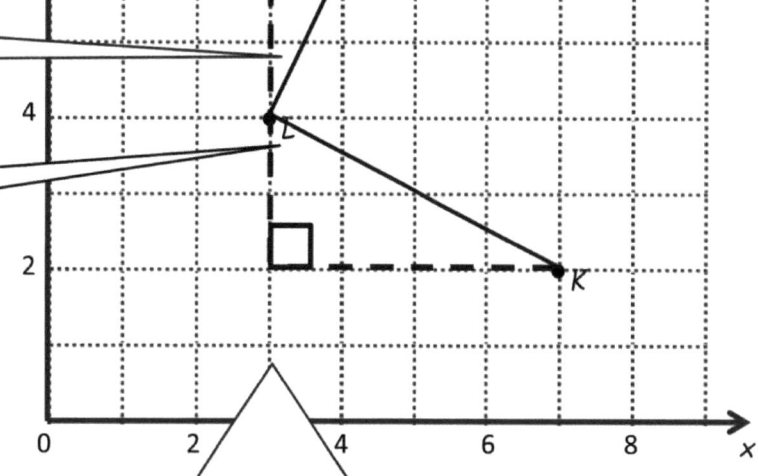

Après avoir esquissé le triangle rectangle, je peux le visualiser en train de glisser et de tourner. Ces triangles sont les mêmes.

C'est un angle aigu, comme $\angle K$, dans le problème 1.

C'est un angle aigu, comme $\angle L$, dans le problème 1.

Les deux triangles que j'ai esquissés sont alignés pour créer un angle droit de 180° le long de la ligne de quadrillage verticale. Donc, si les deux angles aigus des triangles totalisent 90°, l'angle entre eux, MLK, doit également être de 90°.

Leçon 16 : Construisez des segments de ligne perpendiculaires et analysez les relations des paires de coordonnées.

d. Explique comment tu sais que ∠MLK est un angle droit sans le mesurer.

   J'ai utilisé les lignes de la grille pour tracer un triangle rectangle avec le côté $\overline{LK}$, comme dans le Problème 1. Ensuite, j'ai visualisé que je glissais et que je faisais tourner le triangle de sorte que le côté $\overline{LK}$ corresponde au côté $\overline{LM}$.

   Je sais que les mesures des 2 angles aigüs d'un triangle rectangle s'additionnent pour faire $90°$. Donc, lorsque le côté long du triangle et le coté court du triangle forment un angle plat, $180°$, l'angle entre eux, ∠MLK, fait aussi $90°$.

e. Compare les coordonnées des points L et K. Quelle est la différence des coordonnées sur x ? Les coordonnées sur y?

   $L\,(3, 4)$ et $K\,(7, 2)$

   La différences des coordonnées sur x est 4.

   La différences des coordonnées sur y est 2.

f. Compare les coordonnées des points L et M. Quelle est la différence des coordonnées sur x ? Les coordonnées sur y ?

   $L\,(3, 4)$ et $M\,(5, 8)$

   La différences des coordonnées sur x est 2.

   La différences des coordonnées sur y est 4.

g. Quelle est la relation des différences que tu as trouvées aux parties (e) et (f) par rapport aux triangles auxquels ces deux segments appartiennent ?

   La différence de valeur des coordonnées est de 2 ou 4. Cela a du sens pour moi parce que les triangles dont font partie ces deux segments ont une hauteur de 2 ou 4 et une base de 2 ou 4.

> Lorsque je visualise le triangle glissant et tournant, il est logique que les coordonnées x et les coordonnées y changent d'une valeur de 2 ou 4 car c'est la longueur de la hauteur et de la base du triangle.

Nom _____ Date _____

1. Utilise le plan de coordonnées ci-dessous pour réaliser les tâches suivantes.

   a. Dessine $\overline{PQ}$.
   b. Trace le point R (3, 8).
   c. Dessine $\overline{PR}$.
   d. Explique comment tu sais que $\angle RPQ$ est un angle droit sans le mesurer.

   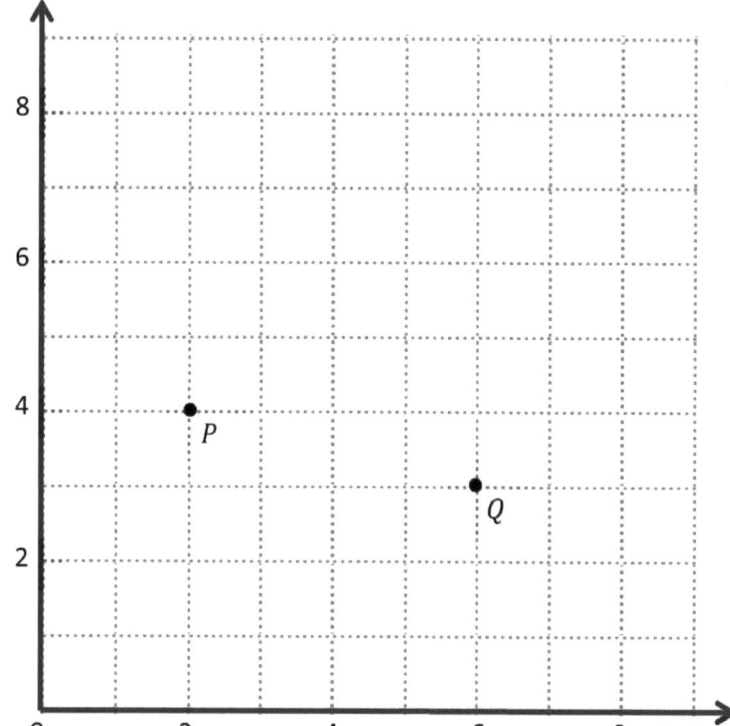

   e. Compare les coordonnées des points P et Q. Quelle est la différence des coordonnées sur x ? Des coordonnées sur ?

   f. Compare les coordonnées des points P et R. Quelle est la différence des coordonnées sur x ? Les coordonnées sur y ?

   g. Quelle est la relation des différences que tu as trouvées aux parties (e) et (f) par rapport aux triangles auxquels ces deux segments appartiennent ?

Leçon 16 : Construisez des segments de ligne perpendiculaires et analysez les relations des paires de coordonnées.

2. Utilise le plan de coordonnées ci-dessous pour réaliser les tâches suivantes.

   a. Dessine $\overline{CB}$.

   b. Trace le point $D\ \left(\dfrac{1}{2}, 5\dfrac{1}{2}\right)$.

   c. Dessine $\overline{CD}$.

   d. Explique comment tu sais que ∠DCB est un angle droit sans le mesurer.

   e. Compare les coordonnées des points C et B. Quelle est la différence des coordonnées sur x ? Des coordonnées sur y ?

   f. Compare les coordonnées des points C et D. Quelle est la différence des coordonnées sur x ? Des coordonnées sur y ?

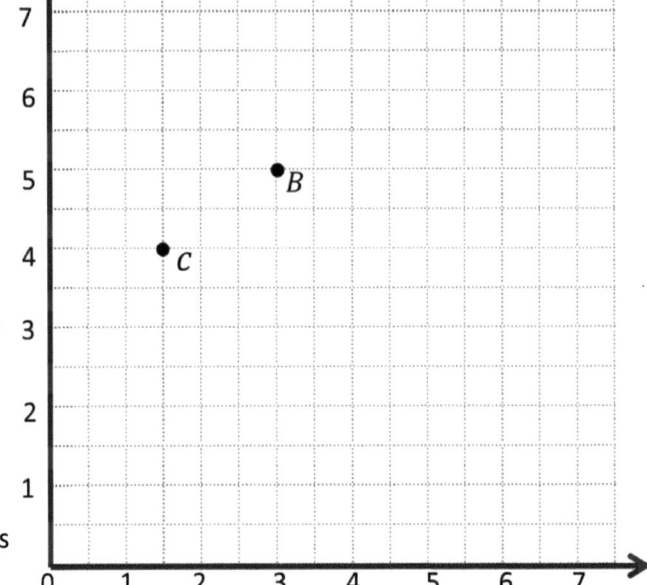

   g. Quelle est la relation des différences que tu as trouvées aux parties (e) et (f) par rapport aux triangles auxquels ces deux segments appartiennent?

3. $\overleftrightarrow{ST}$ contient les points suivants. $S : (2, 3)$ $T : (9, 6)$

   Donne les coordonnées d'une paire de points, U et V, de sorte que $\overleftrightarrow{ST} \perp \overleftrightarrow{UV}$.

   $U : (\_\_\_\_, \_\_\_\_)$ $V : (\_\_\_\_, \_\_\_\_)$

1. Dessinez pour créer une figure symétrique par rapport à $\overleftrightarrow{UR}$.

> Afin de créer une figure symétrique par rapport à $\overleftrightarrow{UR}$, je dois trouver des points qui sont dessinés à l'aide d'une ligne perpendiculaire à et équidistante de (la même distance de) la ligne de symétrie, $\overleftrightarrow{UR}$.

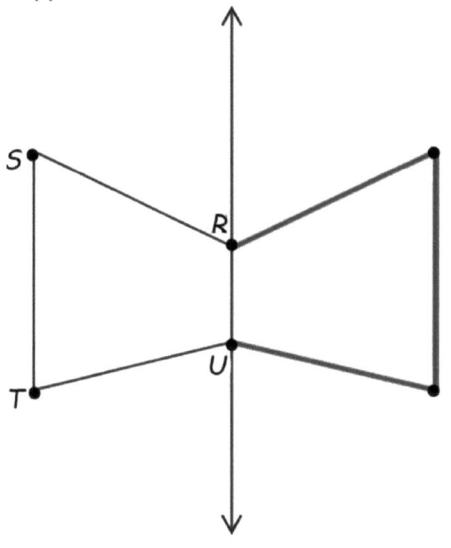

> La distance de ce point à la ligne de symétrie est la même que la distance de la ligne de symétrie au point S, lorsqu'elle est mesurée sur une ligne perpendiculaire à la ligne de symétrie.

2. Complète la construction suivante dans l'espace ci-dessous.

   a. Trace 3 points non-alignés, A, B, et C.

   > I know that collinear means that the points are "lying on the same straight line," so non-collinear must mean that the three points are *not* on the same straight line.

   b. Dessine $\overline{AB}$, $\overline{BC}$, et $\overleftrightarrow{AC}$

   c. Trace le point D, et dessine les côtés restants, de sorte que le quadrilatère $ABCD$ soit symétrique sur $\overleftrightarrow{AC}$.

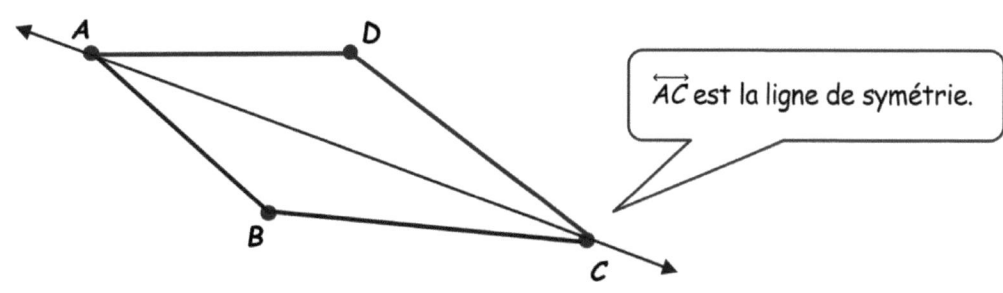

> $\overleftrightarrow{AC}$ est la ligne de symétrie.

Nom _____ Date _____

1. Dessine pour créer une figure qui est symétrique sur $\overleftrightarrow{DE}$.

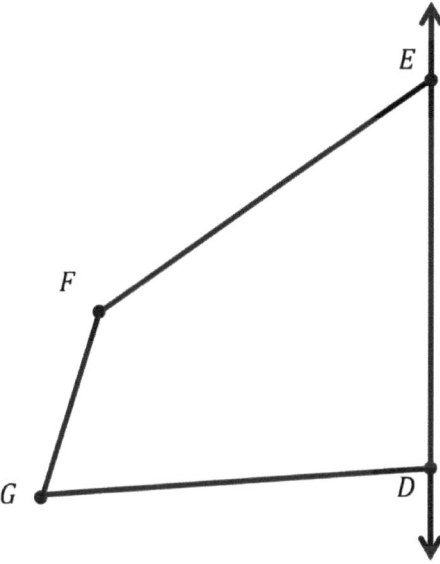

2. Dessine pour créer une figure qui est symétrique sur $\overleftrightarrow{LM}$.

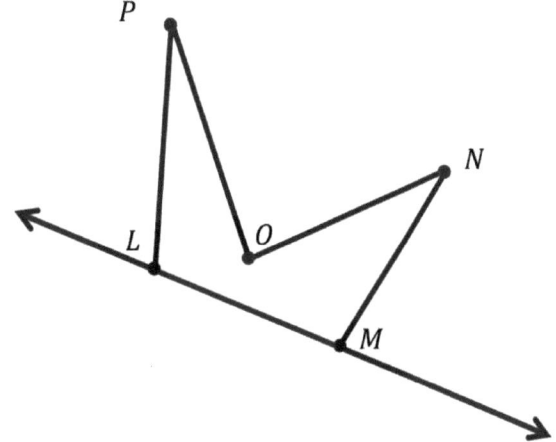

3. Complète la construction suivante dans l'espace ci-dessous.

    a. Trace 3 points non-alignés, G, H, et I.

    b. Dessine $\overline{GH}$, $\overline{HI}$, et $\overleftrightarrow{IG}$.

    c. Trace le point J, et dessine les côtés restants, de sorte que le quadrilatère $GHIJ$ soit symétrique sur $\overleftrightarrow{IG}$.

4. Dans l'espace ci-dessous, utilise tes outils pour dessiner une figure symétrique par rapport à une ligne.

UNE HISTOIRE D'UNITÉS　　　　　　　　　　Leçon 18 Aide aux devoirs　5•6

Utilise le plan à droite pour effectuer les tâches suivantes.

> Ce sera une ligne verticale.

a. Dessine une ligne h dont la règle est x est toujours 7.

b. Trace les points du tableau A sur la grille dans l'ordre. Puis, dessine des segments de ligne pour connecter les points dans l'ordre.

Tableau A

(x, y)
$(6, 1)$
$(5, 3)$
$(3, 5)$
$(6, 7)$
$(6, 7)$
$(5, 11)$
$(4, 11)$

Tableau B

(x, y)
$(8, 1)$
$(9, 3)$
$(11, 5)$
$(8, 7)$
$(8, 9)$
$(9, 11)$
$(10, 11)$

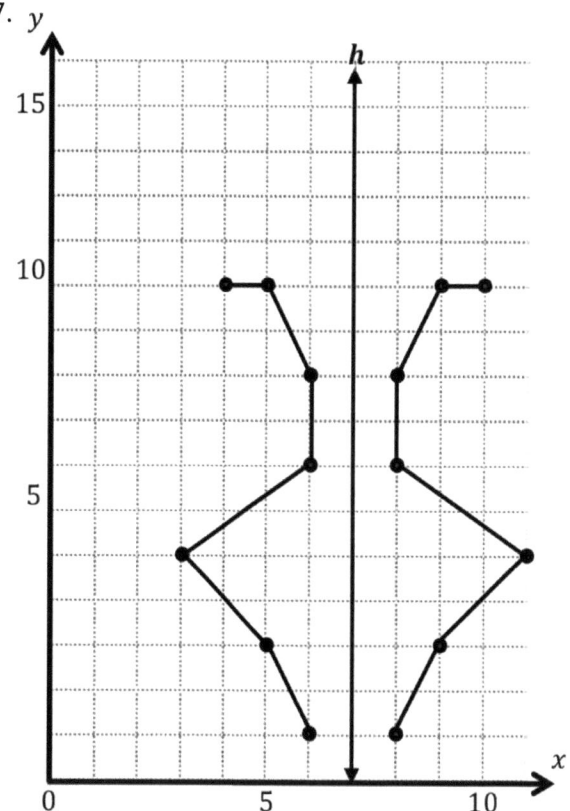

c. Termine le dessin pour créer une figure symétrique par rapport à la ligne h. Pour chaque point du Tableau A, enregistre le point symétrique de l'autre côté de la ligne h.

d. Compare les coordonnées y du Tableau A avec celles du Tableau B. Que remarques-tu ?

Les coordonnées y dans le Tableau A sont les mêmes que celles dans le Tableau B. Comme la ligne de symétrie est une ligne verticale, seules les coordonnées x changeront..

e. Compare les coordonnées x du Tableau A avec celles du Tableau B. Que remarques-tu ?

Je remarque que la différence entre les coordonnées x est toujours un nombre pair car la distance entre un point et la ligne h doit doubler.

Leçon 18 : Dessiner des figures symétriques sur le plan de coordonnées.

Nom _____ Date _____

1. Utilise le plan à droite pour effectuer les tâches suivantes.

   a. Dessine une ligne *s* dont la règle est *x est toujours 5*.

   b. Trace les points du tableau A sur la grille dans l'ordre. Puis, dessine des segments de ligne pour connecter les points dans l'ordre.

   Tableau A

(x, y)
(1, 13)
(1, 12)
(2, 10)
(4, 9)
(4, 3)
(1, 2)
(5, 2)

   Tableau B

(x, y)

   c. Termine le dessin pour créer une figure symétrique par rapport à la ligne *s*. Pour chaque point du Tableau A, enregistre le point symétrique de l'autre côté de *s*.

   d. Compare les coordonnées *y* du Tableau A avec celles du Tableau B. Que remarques-tu ?

   e. Compare les coordonnées *x* du Tableau A avec celles du Tableau B. Que remarques-tu ?

2. Utilise le plan à droite pour effectuer les tâches suivantes.

   a. Dessine une ligne p dont la règle est, y *est égal à* x.

   b. Trace les points du tableau A sur la grille dans l'ordre. Puis, dessine des segments de ligne pour connecter les points.

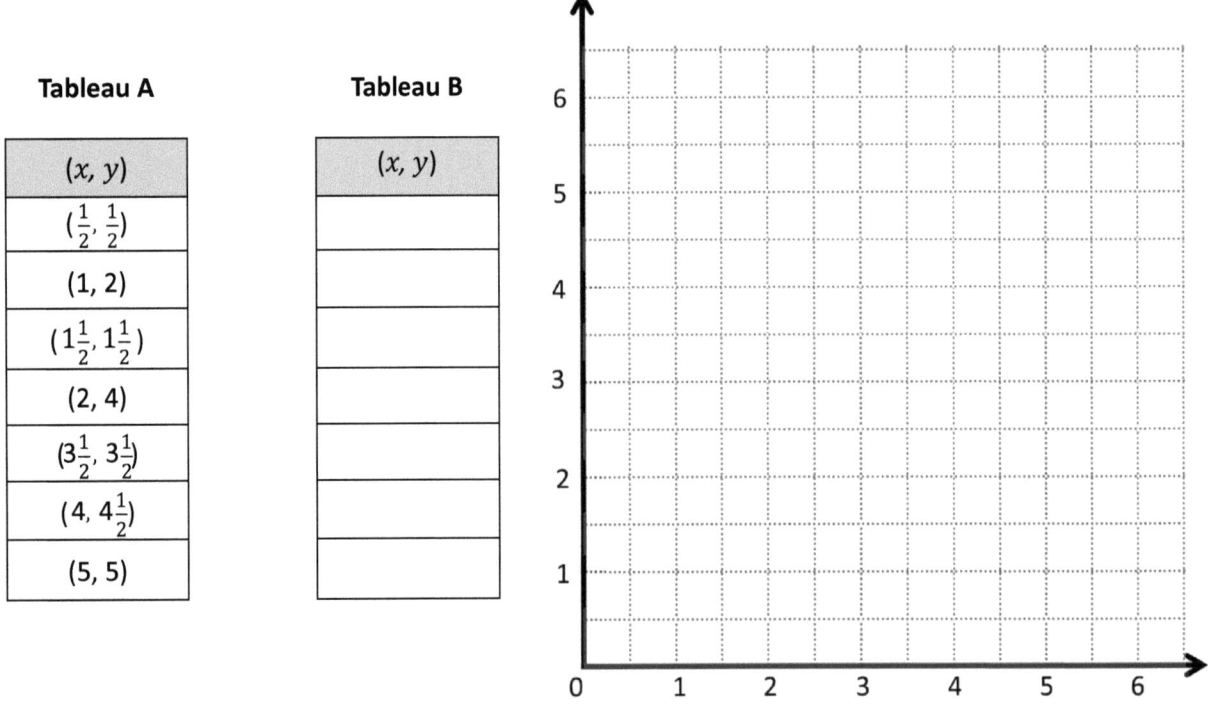

Tableau A
(x, y)
$(\frac{1}{2}, \frac{1}{2})$
$(1, 2)$
$(1\frac{1}{2}, 1\frac{1}{2})$
$(2, 4)$
$(3\frac{1}{2}, 3\frac{1}{2})$
$(4, 4\frac{1}{2})$
$(5, 5)$

Tableau B
(x, y)

   c. Termine le dessin pour créer une figure symétrique par rapport à la ligne p. Pour chaque point du Tableau A, enregistre le point symétrique de l'autre côté de la ligne p dans le Tableau B.

   d. Compare les coordonnées y du Tableau A avec celles du Tableau B. Que remarques-tu ?

   e. Compare les coordonnées x du Tableau A avec celles du Tableau B. Que remarques-tu ?

UNE HISTOIRE D'UNITÉS   Leçon 19 Aide aux devoirs   5•6

Le graphique linéaire ci-dessous suit le solde du compte courant de Sheldon à la fin de chaque journée entre le 10 et le 24 juin. Utilise les informations du graphique pour répondre aux questions suivantes.

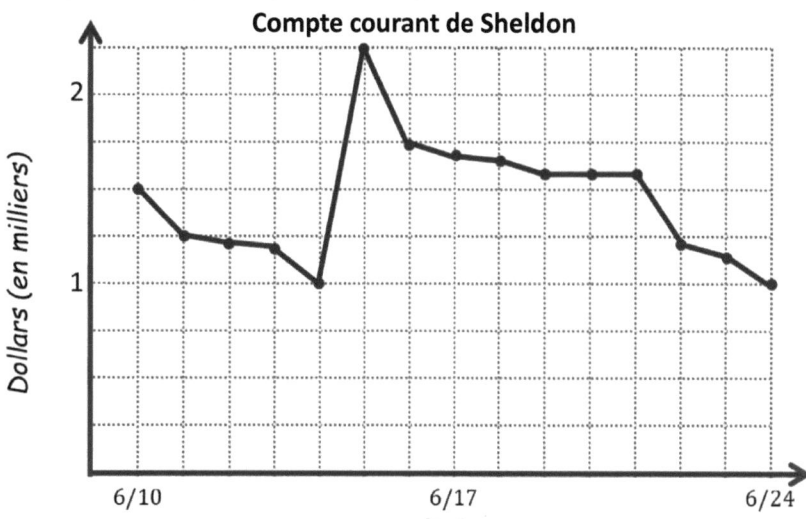

Je sais qu'il est important de lire l'échelle sur l'axe vertical afin de savoir à quelles unités les données se réfèrent. Dans ce graphique, le 1 signifie et le 2 signifie $2,000. Je peux dire que chaque saut de ligne de grille compte $250.

a. À peu prés combien d'argent Sheldon a-t-il sur son compte courant le 10 juin ?

   Sheldon a $1,500 sur son compte le 10 juin. Je peux le conclure parce que le point est exactement sur la ligne entre $1,000 et $2,000.

b. Si Sheldon dépense $250 de son compte courant le 24 juin, combien d'argent à peu près aura-t-il encore sur son compte ?

   Sheldon aura 750 $ restants. $1000 – $250 = $750

c. Sheldon a reçu un paiement de son travail qui a été versé directement sur son compte courant. Quel jour cela s'est-il probablement produit ? Explique comment tu le sais.

   Le montant d'argent sur son compte a augmenté de $1,250 le 15 juin. C'est probablement le jour où il a été payé par son travail.

d. Sheldon a payé le loyer de son appartement pendant la période indiquée sur le graphique. Quel jour cela s'est-il probablement produit ? Explique comment tu le sais.

   Sheldon a peut-être payé son loyer le 15 ou le 21 juin. Ce sont les deux jours où de l'argent du compte de Sheldon a été déversé le plus rapidement.

Leçon 19 :   Tracer des données sur des graphiques linéaires et analyser les tendances.

Nom _____ Date _____

1. Le graphique linéaire ci-dessous suit le solde du compte courant de Howard à la fin de chaque journée entre le 12 et le 26 mai. Utilise les informations du graphique pour répondre aux questions suivantes.

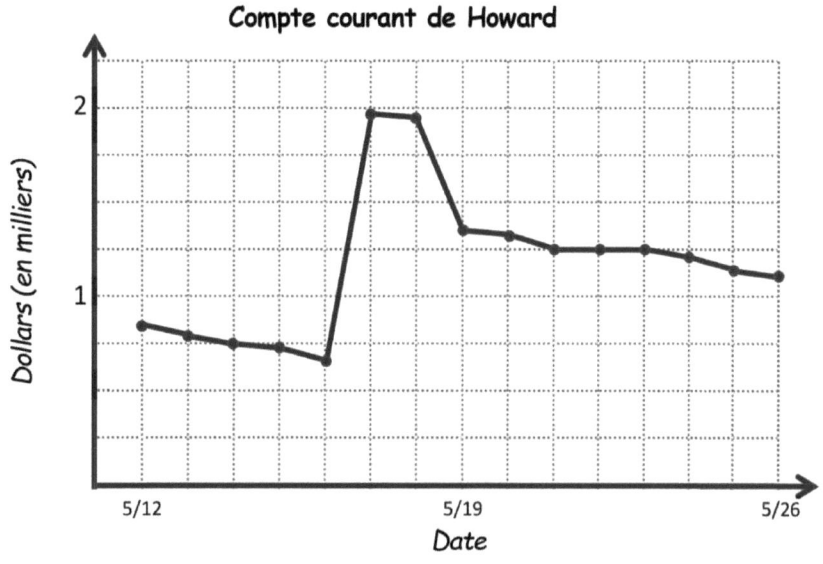

a. À peu près combien d'argent Howard a-t-il sur son compte courant le 21 mai ?

b. Si Howard dépense $250 de son compte courant le 26 mai, combien d'argent à peu près aura-t-il encore sur son compte ?

c. Explique ce qui s'est passé avec l'argent du compte de Howard entre le 21 et le 23 mai.

d. Howard a reçu un paiement de son travail qui a été versé directement sur son compte courant. Quel jour cela s'est-il probablement produit ? Explique comment tu le sais.

e. Howard a acheté un nouveau téléviseur pendant la période indiquée sur le graphique. Quel jour cela s'est-il probablement produit ? Explique comment tu le sais.

Leçon 19 : Tracer des données sur des graphiques linéaires et analyser les tendances.

2. Le graphique linéaire ci-dessous indique le temps de Santino au début et à la fin de chaque section d'un triathlon. Utilise les informations du graphique pour répondre aux questions suivantes.

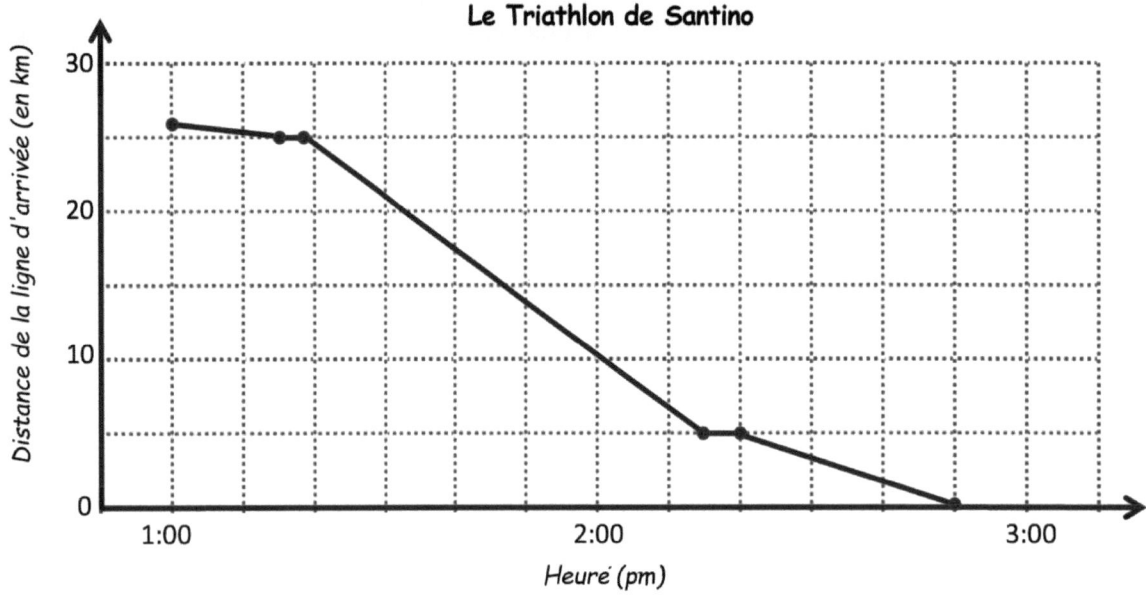

a. Combien de temps faut-il à Santino pour terminer le triathlon ?

b. Pour terminer le triathlon, Santino traverse d'abord un lac à la nage, puis traverse la ville à vélo et finit par courir autour du lac. D'après le graphique, quelle était la distance de la section courir de la course ?

c. Pendant la course, Santino s'arrête pour enfiler ses chaussures de cyclisme et son casque, puis pour se changer plus tard en chaussures de course. À quelles heures cela s'est-il probablement produit ? Explique comment tu le sais.

d. Quelle section de la course Santino termine-t-il le plus rapidement ? Comment le sais-tu ?

e. Pendant quelle section du triathlon Santino progresse-t-il le plus rapidement ? Explique comment tu le sais.

UNE HISTOIRE D'UNITÉS | Leçon 20 Aide aux devoirs 5•6

Utilise le tableau pour répondre aux questions.

Hector a quitté son domicile à 6 h du matin pour s'entraîner à une course cycliste. Il a utilisé sa montre GPS pour suivre le nombre de kilomètres parcourus à la fin de chaque heure de son parcours. Il a téléchargé les données sur son ordinateur, ce qui lui a donné le graphique linéaire ci-dessous :

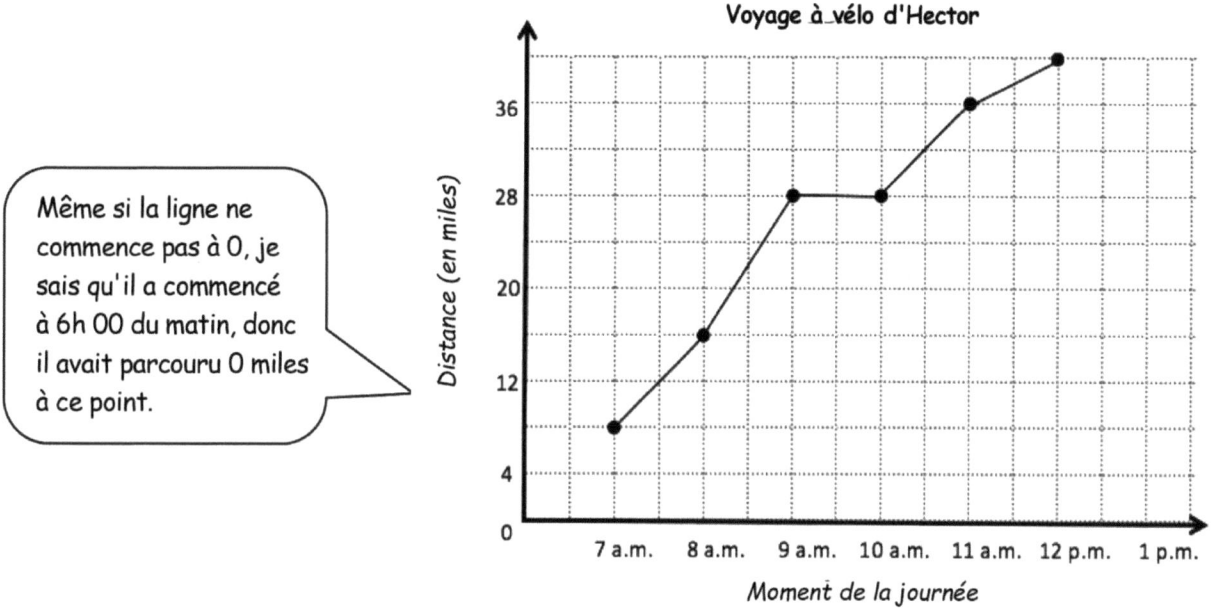

Même si la ligne ne commence pas à 0, je sais qu'il a commencé à 6h 00 du matin, donc il avait parcouru 0 miles à ce point.

a. Jusqu'où Hector a-t-il parcouru en tout ?
   Combien de temps a-t-il fallu ?

   Hector a parcouru 40 miles en 6 heures.

   Hector a commencé à 6h00 et s'est arrêté à midi. Ça fait 6 heures.

   Le dernier point de données à 12h00 indique 40 miles.

b. Hector a fait une pause d'une heure pour prendre une collation et prendre quelques photos. À quelle heure s'est-il arrêté ? Comment le sais-tu ?

Hector a fait une pause entre 9 h et 10 h. La ligne horizontale à ce moment-là me dit que la distance d'Hector n'a pas changé ; par conséquent, il n'a pas fait de vélo pendant cette heure.

c. Pendant quelle heure Hector a-t-il roulé le plus lentement ?

L'heure la plus lente d'Hector fut sa dernière entre 11 h et midi. Il n'a parcouru que 4 miles au cours de cette dernière heure alors que les autres heures, il a parcouru au moins 8 miles (sauf lorsqu'il a pris sa pause)

> Je sais aussi que je peux regarder la pente de la ligne entre deux points pour m'aider à savoir à quelle vitesse Hector a roulé. La ligne n'est pas très raide entre 11h00 et midi, donc je sais que c'était son heure la plus lente.

UNE HISTOIRE D'UNITÉS — Leçon 20 Devoirs 5•6

Nom _____ Date _____

Utilise le tableau pour répondre aux questions.

Johnny a quitté son domicile à 6 heures du matin et a suivi le nombre de kilomètres parcourus à la fin de chaque heure de son trajet. Il a enregistré les données sur un graphique linéaire.

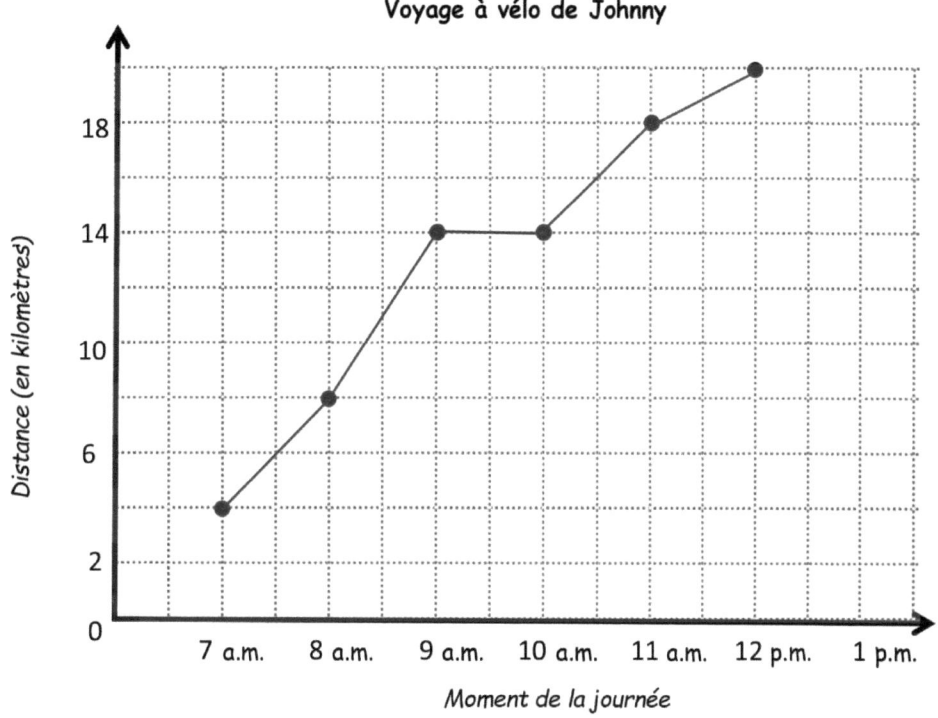

a. Jusqu'où Johnny a-t-il parcouru en tout ? Combien de temps a-t-il fallu ?

b. Johnny a fait une pause d'une heure pour prendre une collation et prendre quelques photos. À quelle heure s'est-il arrêté ? Comment le sais-tu ?

c. Johnny a-t-il parcouru plus de distance avant ou après sa pause ? Explique.

d. Entre quelle heure et quelle heure Johnny a-t-il parcouru 4 kilomètres ?

e. Pendant quelle heure Johnny a-t-il roulé le plus rapidement ? Explique comment tu le sais.

Meyer a lu quatre fois plus de livres que Zenin. Lenox en a lu autant que Meyer et Zenin réunis. Parks a lu deux fois moins de livres que Zenin. Au total, les quatre enfants ont lu 147 livres. Combien de livres chaque enfant a-t-il lu ?

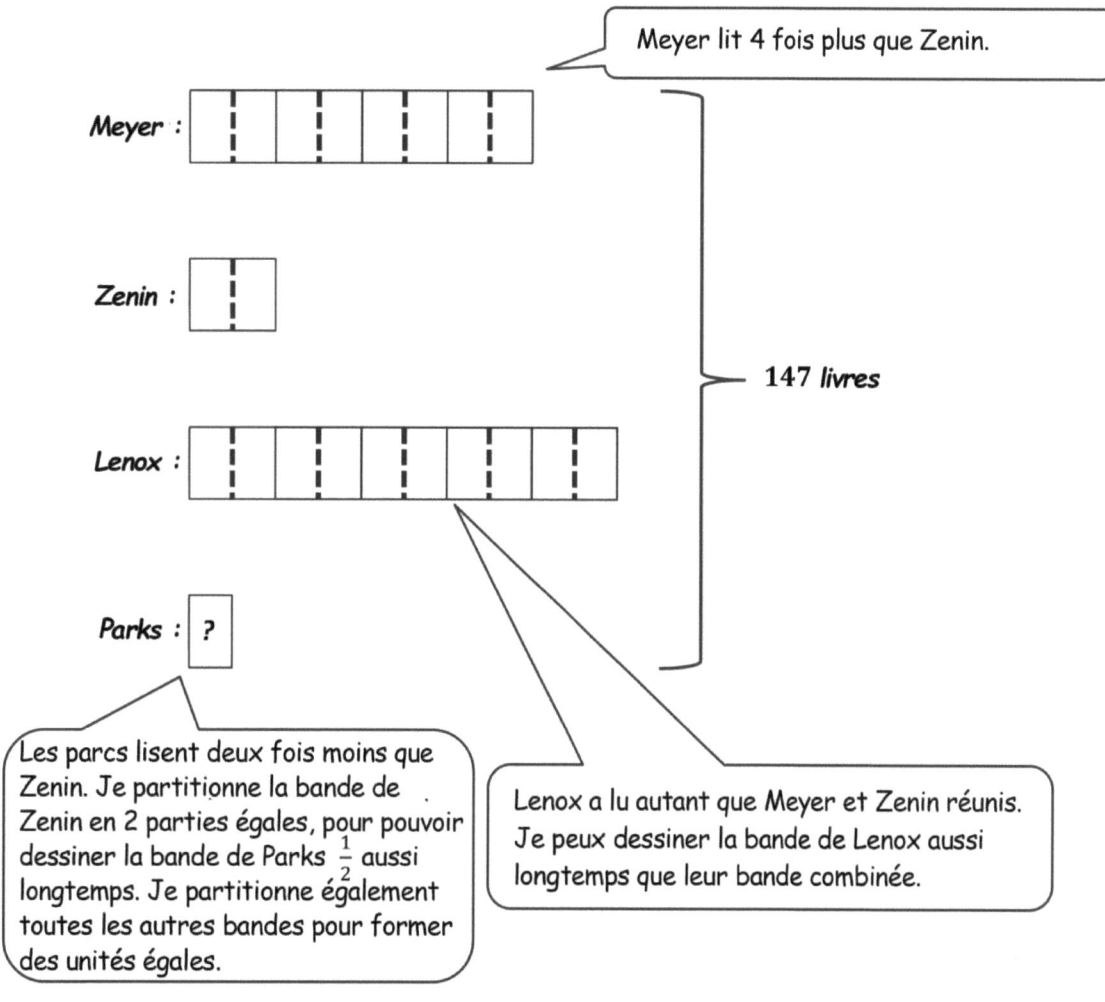

21 *unités* = 147 *livres*

1 *unité* = 147 *livres* ÷ 21 = 7 *livres*

Parks a lu 7 livres.

7 × 8 = 56   **Meyer a lu 56 livres.**

7 × 2 = 14   **Zenin a lu 14 livres.**

56 + 14 = 70   **Lenox a lu 70 livres.**

Nom _____ Date _____

1. Sara a un trajet deux fois plus long qu'Eli pour se rendre au camp de vacance. Ashley a le même trajet que Sara et Eli réunies. Hazel a un trajet 3 fois plus long que celui de Sara. Au total, toutes les quatre ont un trajet de 888 miles pour se rendre au camp. Quelle est la distance du trajet de chacune ?

Le problème suivant est un casse-tête pour ton propre plaisir. Il vise à encourager le travail en équipe et le plaisir de résoudre des problèmes en famille. Ce n'est pas un élément obligatoire de ce devoir.

2. Un homme veut emmener une chèvre, un sac de choux et un loup sur une île. Son bateau ne peut contenir que lui et un animal ou objet. Si la chèvre est laissée avec les choux, elle les mangera. Si le loup est laissé avec la chèvre, il la mangera. Comment l'homme peut-il transporter tous ces trois éléments sur l'île sans que rien ne s'entre-mange ?

UNE HISTOIRE D'UNITÉS — Leçon 22 Aide aux devoirs 5•6

Résous en utilisant la méthode de ton choix.
Montre tout ton raisonnement.

> Je sais que les carrés ont les 4 côtés de longueur égale.

Étudiez ce diagramme montrant tous les carrés. Remplis le tableau.

Figure	Aire en centimètres carrés
1	9 cm^2
2	**81 cm^2**
3	**36 cm^2**
5	9 cm^2
6	9 cm^2

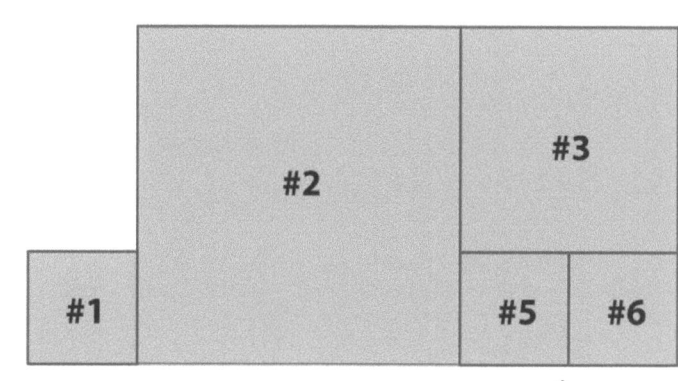

> Le tableau indique que la surface de la figure 1 est de 9 cm^2
> $3\ cm \times 3\ cm = 9\ cm^2$
> Je sais que chaque côté de la figure 1 mesure 3 cm de long.

> Les figures 5 et 6 ont la même taille que la figure 1. Ils ont également une superficie de 9 cm^2.

Figure 3 :

$3\ cm + 3\ cm = 6\ cm$

$6\ cm \times 6\ cm = 36\ cm^2$

> La figure 3 partage un côté avec les figures 5 et 6. Puisque les longueurs latérales des figures 5 et 6 sont de 3 cm chacune, la longueur des côtés de la figure 3 doit être de 6 cm.

Figure 2 :

$6\ cm + 3\ cm = 9\ cm$

$9\ cm \times 9\ cm = 81\ cm^2$

> La figure 2 partage un côté avec les figures 3 et 5. Puisque les longueurs latérales des figures 3 et 5 sont respectivement de 6 cm et 3 cm, la longueur latérale de la figure 2 doit être de 9 cm.

Leçon 22 : Comprendre des problèmes complexes, à plusieurs étapes, et persévérer pour les résoudre. Partager et commenter les solutions de ses camarades.

UNE HISTOIRE D'UNITÉS   Leçon 22 Devoirs 5•6

Nom _____   Date _____

Résous en utilisant la méthode de ton choix. Montre tout ton raisonnement.

1. Étudie ce diagramme montrant tous les carrés. Remplis le tableau.

Figure	Superficie en pieds carrés
1	1 ft²
2	
3	
4	9 ft²
5	
6	1 ft²
7	
8	
9	
10	
11	

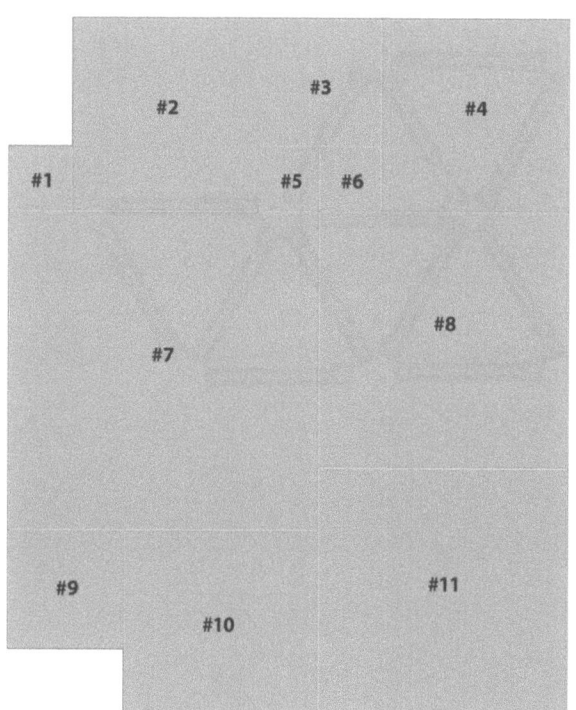

Leçon 22 : Comprendre des problèmes complexes, à plusieurs étapes, et persévérer pour les résoudre. Partager et commenter les solutions de ses camarades.

Le problème suivant est un casse-tête pour ton propre plaisir. Il vise à encourager le travail en équipe et le plaisir de résoudre des problèmes en famille. Ce n'est pas un élément obligatoire de ce devoir.

2. Retire 3 allumettes pour laisser 3 triangles.

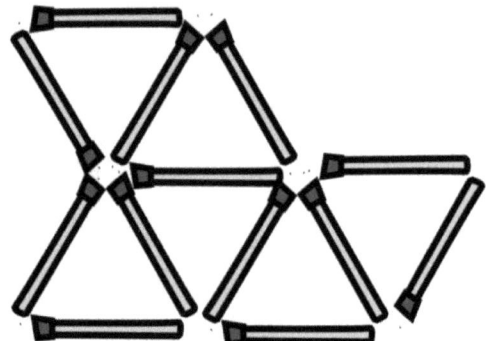

Dans le diagramme, la longueur de la figure B est $\frac{4}{7}$ la longueur de la figure A. La figure A a une superficie de 182 in². Trouve le périmètre de toute la figure.

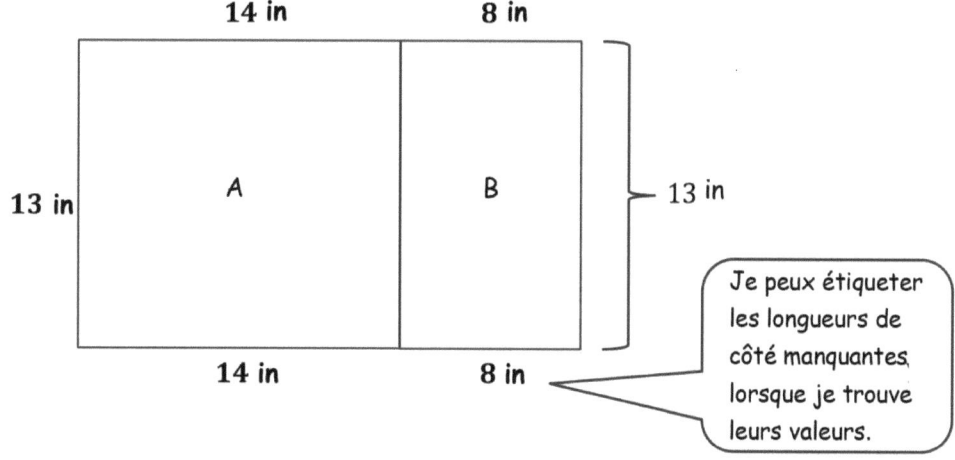

Figure A:

Surface = longueur × largeur
$182 = \underline{\quad} \times 13$
$182 \div 13 = 14$

La longueur de la figure A est de 14 pouces.

Figure B:

$\frac{4}{7}$ de 14 pouces

$\frac{4}{7} \times 14$

$= \frac{4 \times 14}{7}$

$= \frac{56}{7}$

$= 8$

La longueur de la figure B est de 8 pouces.

Figure entière:

$14 + 8 + 13 + 8 + 14 + 13 = 70$

Le périmètre de la figure entière est de 70 pouces.

Nom _____   Date _____

1. Dans le diagramme, la longueur de la figure S est $\frac{2}{3}$ la longueur de la figure T. Si S a une aire de 368 cm², trouve le périmètre de la figure.

Les problèmes suivants sont des puzzles pour ton propre plaisir. Ils visent à encourager le travail en équipe et le plaisir de résoudre des problèmes en famille ; ce ne sont pas des éléments obligatoires de ce devoir.

2. Prends 12 allumettes disposées en grille comme indiqué ci-dessous et retire 2 allumettes pour qu'il reste 2 carrés. Comment peux-tu faire cela ? Dessine le nouvel arrangement.

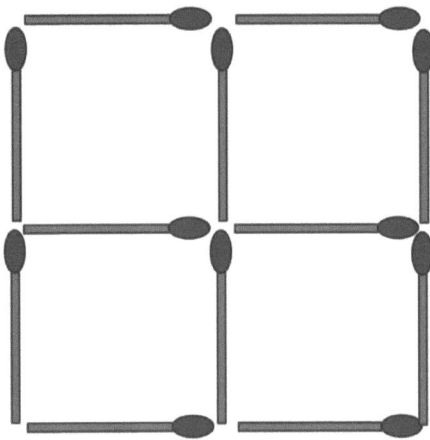

3. Déplacer seulement 3 allumettes fait se retourner le poisson et nager dans le sens opposé. Quelles allumettes as-tu déplacées ? Dessine la nouvelle forme.

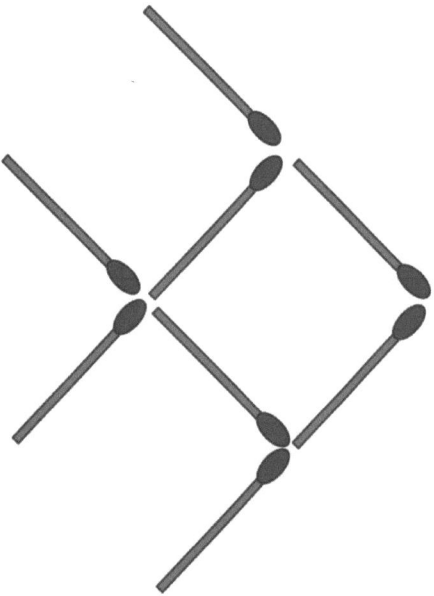

Le camp de baseball Howard a accueilli 96 athlètes le premier jour du camp. Les cinq huitièmes des athlètes ont commencé à pratiquer la frappe. L'entraîneur des frappeurs a envoyé $\frac{2}{5}$ des frappeurs s'entraîner sur leur réception. La moitié des receveurs étaient des frappeurs gauchers. Les receveurs gauchers ont été mis en équipes de 2 pour s'entraîner ensemble. Combien d'équipes de 2 pratiquaient la réception ?

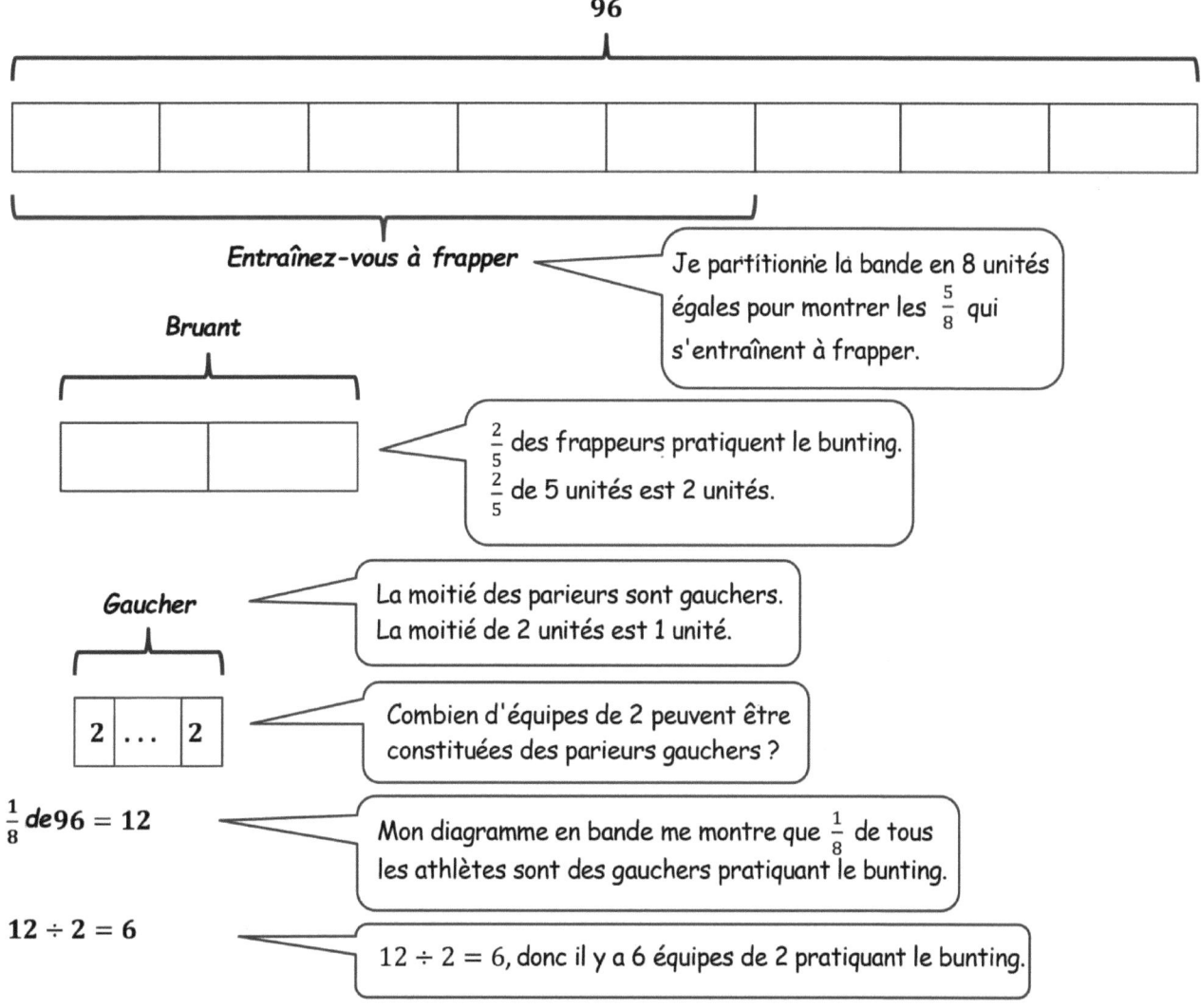

Il y a 6 équipes de 2 pratiquant le bruant.

Leçon 24 : Comprendre des problèmes complexes, à plusieurs étapes, et persévérer pour les résoudre. Partager et commenter les solutions de ses camarades.

Nom _____ Date _____

1. Pat's Potato Farm a cultivé 490 livres de pommes de terre. Pat a livré $\frac{3}{7}$ des pommes de terre à un stand de légumes.

   Le propriétaire du stand de légumes a livré $\frac{2}{3}$ les pommes de terre qu'il a achetées à une épicerie locale, qui a emballé la moitié des pommes de terre livrées dans des sacs de 5 livres. Combien de sacs de 5 livres l'épicerie a-t-elle emballés ?

Leçon 24 : Comprendre des problèmes complexes, à plusieurs étapes, et persévérer pour les résoudre. Partager et commenter les solutions de ses camarades.

Les problèmes suivants sont pour ton propre plaisir. Ils visent à encourager le travail en équipe et le plaisir de résoudre des problèmes en famille. Ils ne sont pas des éléments obligatoires de ce devoir.

2. Six allumettes sont disposées en un triangle équilatéral. Comment peux-tu les organiser en 4 triangles équilatéraux sans casser ou superposer aucun d'entre eux ? Dessine la nouvelle forme.

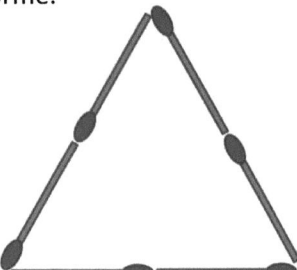

3. Le chien de Kenny, Charlie, est vraiment intelligent ! La semaine dernière, Charlie a enterré 7 os en tout. Il les a enterrés en 5 rangée droites et a mis 3 os dans chaque rangée. Comment cela est-il possible ? Dessine comment Charlie a enterré les os.

UNE HISTOIRE D'UNITÉS — Leçon 25 Aide aux devoirs 5•6

Jason et Selena avaient un total de $96 au début. Après que Jason ait dépensé $\frac{1}{5}$ de son argent et que Selena lui ait prêté $15, il leur restait le même montant d'argent. Combien d'argent chacun d'entre eux disposait-il au début ?

> C'est important. Après Jason dépense et Selena prête, puis il leur reste le même montant. Je dois m'assurer que mon modèle le montre.

> Je partitionne la bande représentant l'argent de Jason en 5 parties égales pour montrer le $\frac{1}{5}$ qu'il a dépensé.

Jason : [| | | |] *dépensé*

Selena : [| | | | $15] *prêté*

$96

> Mon modèle me montre que 9 unités, plus les $15 que Selena a prêtés, équivaut à $96.

> Pour montrer que Selena et Jason ont le même montant d'argent, je partage la bande représentant l'argent de Selena de la même manière que j'ai fait celui de Jason.

9 unités + $15 = $96

9 unités = $81

1 unité = $81 ÷ 9 = $9

> Maintenant que je connais la valeur d'une unité, je peux savoir combien d'argent chacun d'eux avait au début.

Jason:

1 unité = $9

5 unités = 5 × $9 = $45

Selena:

1 unité = $9

4 unités = 4 × $9 = $36

$36 + $15 = $51

Jason avait $45 au début.   *Selena avait $51 au début.*

Leçon 25 : Comprendre des problèmes complexes, à plusieurs étapes, et persévérer pour les résoudre. Partager et commenter les solutions de ses camarades.

Nom _____ Date _____

1. Fred et Ethyl avaient 132 fleurs en tout au début. Après que Fred ait vendu $\frac{1}{4}$ de ses fleurs et Ethyl ait vendu 48 de ses fleurs, il leur restait le même nombre de fleurs. Combien de fleurs chacun d'eux avait-il au début ?

UNE HISTOIRE D'UNITÉS   Leçon 25 Devoirs 5•6

Les problèmes suivants sont des puzzles pour ton propre plaisir. Ils visent à encourager le travail en équipe et le plaisir de résoudre des problèmes en famille. Ils ne sont pas des éléments obligatoires de ce devoir.

2. Sans en retirer, déplace 2 allumettes pour former 4 carrés identiques. Quelles allumettes as-tu déplacées ? Dessine la nouvelle forme.

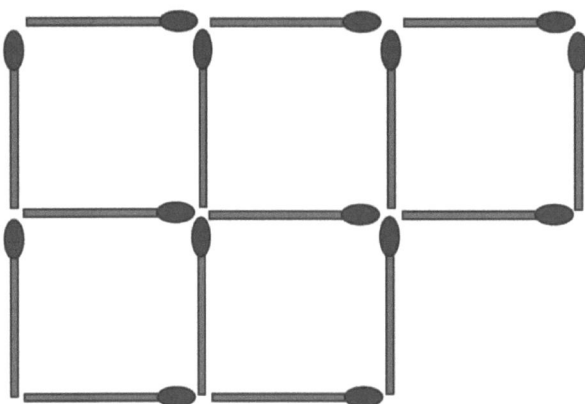

3. Déplace 3 allumettes pour former exactement (et seulement) 3 carrés identiques. Quelles allumettes as-tu déplacées ? Dessine la nouvelle forme.

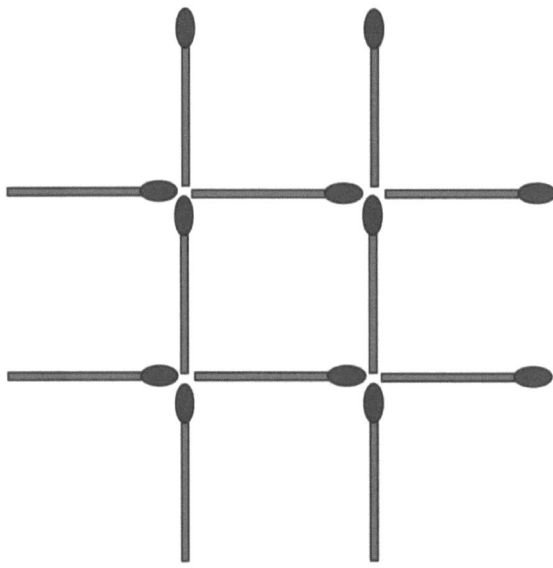

UNE HISTOIRE D'UNITÉS   Leçon 26 Aide aux devoirs   5•6

1. Pour la phrase ci-dessous, écris une expression numérique, puis évalue ton expression.

   Soustrayez trois moitiés d'un sixième de quarante-deux.

   $\frac{1}{6} \times 42 - \frac{3}{2}$

   > Même s'il dit d'abord le mot «soustraire», j'ai besoin de quelque chose à soustraire. Donc, je ne soustrais pas tant que je n'ai pas trouvé la valeur de «un sixième de quarante-deux».

   $= \frac{42}{6} - \frac{3}{2}$

   $= 7 - \frac{3}{2}$

   $= 7 - 1\frac{1}{2}$

   $= 5\frac{1}{2}$

2. Écris au moins 2 expressions numériques pour la phrase ci-dessous. Ensuite, résous-les.

   Deux cinquièmes de neuf

   $\frac{2}{5} \times 9$ $\left(\frac{1}{5} \times 9\right) \times 2$

   > C'est «un cinquième de neuf, doublé», ce qui équivaut à «deux cinquièmes de neuf».

   $\frac{2}{5} \times 9$

   $= \frac{2 \times 9}{5}$

   $= \frac{18}{5}$

   > «Deux cinquièmes de neuf» est égal à $3\frac{3}{5}$.

   $= 3\frac{3}{5}$

Leçon 26 : Consolider l'écriture et l'interprétation des expressions numériques.

3. Utilise <, >, ou = pour faire des phrases numériques correctes sans calculer. Explique ton raisonnement.

a. $\left(481 \times \dfrac{9}{16}\right) \times \dfrac{2}{10}$  $\left(481 \times \dfrac{9}{16}\right) \times \dfrac{7}{10}$

Les deux expressions ont le même premier facteur, $\left(481 \times \dfrac{9}{16}\right)$.

Puisque le deuxième facteur, $\dfrac{7}{10}$, est supérieur à $\dfrac{2}{10}$, l'expression de droite est supérieure.

b. $\left(4 \times \dfrac{1}{10}\right) + \left(9 \times \dfrac{1}{100}\right)$  0.409

L'expression de gauche est égale à 0.49.

L'expression de droit a aussi 0 unité et 4 dixièmes, mais il y a 0 centième dans 0.409.

Nom _____ Date _____

1. Pour chaque phrase écrite, écris une expression numérique, puis évalue ton expression.

   a. Quarante fois la somme de quarante-trois et cinquante-sept

      Expression numérique :

      Solution :

   b. Divise la différence entre mille trois cent et neuf cent cinquante par quatre.

      Expression numérique :

      Solution :

   c. Sept fois le quotient de cinq et sept

      Expression numérique :

      Solution :

   d. Un quart la différence de quatre sixièmes et trois douzièmes

      Expression numérique :

      Solution :

2. Écris au moins 2 expressions numériques pour chaque phrase ci-dessous. Ensuite, résous.

   a. Trois cinquièmes de sept

   b. Un sixième de la multiplication de quatre et huit

3. Utilise <, >, ou = pour faire des phrases numériques correctes sans calculer. Explique ton raisonnement.

   a. 4 dixièmes + 3 dizaines + 1 centième ◯ 30.41

   b. $\left(5 \times \frac{1}{10}\right) + \left(7 \times \frac{1}{1000}\right)$ ◯ 0.507

   c. 8 × 7.20 ◯ 8 × 4.36 + 8 × 3.59

UNE HISTOIRE D'UNITÉS **Leçon 27 Aide aux devoirs** 5•6

1. Utilise le processus LDE pour résoudre le problème ci-dessous.

   Daquan a apporté 32 cupcakes à l'école. Parmi ces cupcakes, $\frac{3}{4}$ étaient au chocolat et le reste à la vanille. Les camarades de classe de Daquan ont mangé $\frac{5}{8}$ des cupcakes au chocolat et $\frac{3}{4}$ cupcakes à la vanille. Combien de cupcakes reste-t-il ?

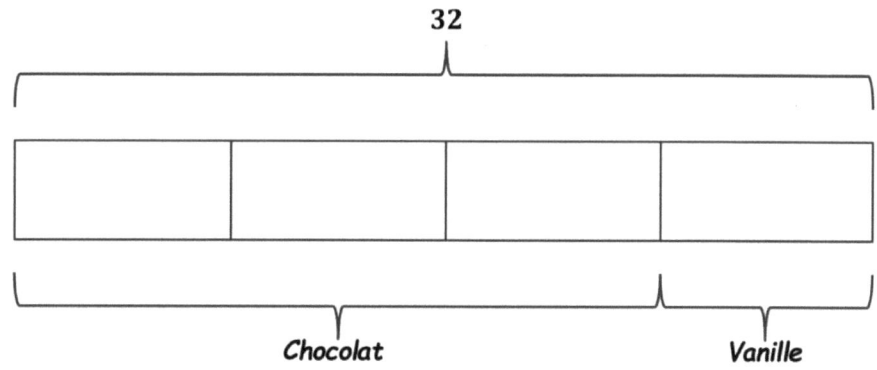

Chocolat (dont $\frac{5}{8}$ sont consommés)   *Vanille* (dont $\frac{3}{4}$ sont consommés)

De tous les cupcakes, 24 sont du chocolat.

De tous les cupcakes, 8 sont à la vanille.

Chocolat mangé :

$\frac{3}{4}$ de $32 = \frac{3 \times 32}{4} = \frac{96}{4} = 24$

$\frac{5}{8}$ de $24 = \frac{5 \times 24}{8} = \frac{120}{8} = 15$

Vanille mangée :

$\frac{1}{4}$ de $32 = \frac{1 \times 32}{4} = \frac{32}{4} = 8$

$\frac{3}{4}$ de $8 = \frac{3 \times 8}{4} = \frac{24}{4} = 6$

Sur les 24 cupcakes au chocolat, 15 ont été mangés.

Sur les 8 cupcakes à la vanille, 6 ont été mangés.

15 petits gâteaux au chocolat ont été mangés.

6 cupcakes à la vanille ont été consommés.

Petits gâteaux restants :

$32 - (15 + 6) = 32 - 21 = 11$

Il reste 11 petits gâteaux.

Je trouve le nombre de cupcakes restants en soustrayant ceux qui ont été mangés des 32 cupcakes originaux.

Leçon 27 : Consolider l'écriture et l'interprétation des expressions numériques.

2. Écris et résous un problème pour l'expression dans le tableau ci-dessous.

Expression	Problème	Solution
$5 - \left(\frac{5}{12} + \frac{1}{3}\right)$	*Au cours de sa semaine de travail de 5-jours, Mrs. Gomez passe $\frac{5}{12}$ de chaque jour et $\frac{1}{3}$ d'un autre dans les réunions. Quelle partie de sa semaine de travail <u>n'est pas</u> consacrée aux réunions ?*	$5 - \left(\frac{5}{12} + \frac{1}{3}\right)$ $= 5 - \left(\frac{5}{12} + \frac{4}{12}\right)$ $= 5 - \frac{9}{12}$ $= 4\frac{3}{12}$ $= 4\frac{1}{4}$ *$4\frac{1}{4}$ jours de la semaine de travail de Mme Gomez n'ont pas été consacrés aux réunions.*

Nom _____ Date _____

1. Utilise le processus LDE pour résoudre les problèmes ci-dessous.

   a. Il y a 36 élèves dans la classe de M. Meyer. Parmi ces élèves, $\frac{5}{12}$ jouaient au jeu de tag à la récréation, $\frac{1}{3}$ faisaient une partie de kickball, et le reste faisaient une partie de basketball. Combien d'élèves de la classe de M. Meyer faisaient une partie de basketball ?

   b. Julie a apporté 24 pommes à l'école pour les partager avec ses camarades de classe. Parmi ces pommes, $\frac{3}{4}$ sont rouges et les restantes sont vertes. Les camarades de classe de Julie ont mangé $\frac{2}{3}$ des pommes rouges et $\frac{1}{2}$ des pommes vertes. Combien de pommes reste-t-il ?

Leçon 27 : Consolider l'écriture et l'interprétation des expressions numériques.

2. Écris et résous un problème pour chaque expression dans le tableau ci-dessous.

Expression	Problème	Solution
$144 \times \dfrac{7}{12}$		
$9 - \left(\dfrac{4}{9} + \dfrac{1}{3}\right)$		
$\dfrac{3}{4} \times (36 + 12)$		

Leçon 27 : Consolider l'écriture et l'interprétation des expressions numériques.

Nom _____ Date _____

1. Utilise ce que tu as appris sur tes compétences de maîtrise aujourd'hui pour répondre aux questions ci-dessous.

   a. Quelles compétences dois-tu pratiquer cet été pour maintenir et développer ta maîtrise ? Pourquoi ?

   b. Écris un objectif pour toi-même concernant une compétence sur laquelle tu veux travailler cet été.

   c. Explique les étapes que tu peux suivre pour atteindre ton objectif.

   d. Comment l'atteinte de cet objectif t'aidera-t-elle en tant qu'étudiant en mathématiques ?

UNE HISTOIRE D'UNITÉS — Leçon 28 Devoirs 5•6

2. Dans le tableau ci-dessous, planifie une nouvelle activité de maîtrise à laquelle tu pourrais jouer à la maison cet été pour t'aider à développer ou à maintenir une compétence que tu as énumérée dans le Problème 1 (a). Lors de la planification de ton activité, pense aux facteurs énumérés ci-dessous :

- Le matériel dont tu auras besoin.
- Qui peut jouer avec toi (si plus d'un joueur est nécessaire).
- L'utilité de l'activité pour développer tes compétences.

Compétence :
Nom de l'activité :
Matériel nécessaire :
Description :

Leçon 28 : Consolider la maîtrise de la 5e année.

Leçon 29 Aide aux devoirs 5•6

Utilise ta règle, ton rapporteur et ton équerre pour t'aider à donner autant de noms que possible pour chaque figure ci-dessous. Ensuite, explique ton raisonnement sur la façon dont tu as nommé chaque figure.

Figure	Noms	Raisonnement pour les noms
a.	quadrilatère trapèze	Cette figure est un <u>quadrilatère</u> parce qu'elle est une figure fermée avec 4 côtés. C'est aussi un <u>trapèze</u> parce qu'elle a au moins une paire de côtés parallèles Le côté du haut et le côté du bas sont parallèles.
b. J'utilise mon rapporteur et ma règle pour mesurer les angles et les longueurs des côtés. Cette forme a quatre angles de 90° et quatre côtés égaux. Cela signifie que c'est un carré, mais il a aussi d'autres noms.	quadrilatère trapèze parallélogramme rectangle losange cerf-volant carré	Cette figure est un <u>quadrilatère</u> parce qu'elle est une figure fermée avec 4 côtés. C'est aussi un <u>trapèze</u> parce qu'elle a au moins une paire de côtés parallèles Cette forme a actuellement 2 paires. Cette forme est aussi un <u>parallélogramme</u> parce que les côtés opposés sont tous les deux parallèles et égaux en longueur. C'est aussi un <u>rectangle</u> parce qu'elle a 4 angles droits. C'est un <u>losange</u> parce que tous 4 les côtés sont égaux en longueur. C'est aussi un <u>cerf-volant</u> parce qu'elle a 2 paires de côtés adjacents de même longueur. Mais plus précisément, c'est un <u>carré</u> parce qu'elle a 4 des angles et des côtés 4 droits de même longueur.

Leçon 29 : Consolider le vocabulaire de géométrie.

Nom _____ Date _____

1. Utilise ta règle, ton rapporteur et ton équerre pour t'aider à donner autant de noms que possible pour chaque figure ci-dessous. Ensuite, explique ton raisonnement sur la façon dont tu as nommé chaque figure.

Figure	Noms	Raisonnement pour les noms
a. 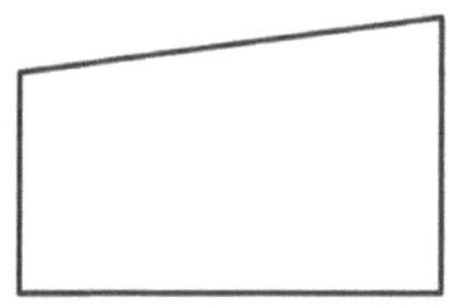		
b. 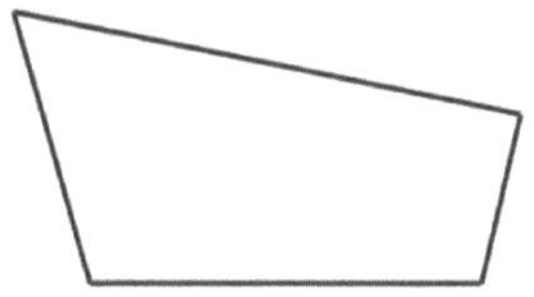		
c. 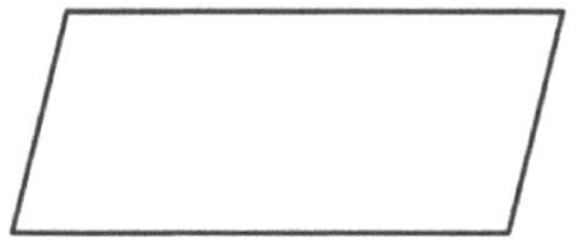		
d. 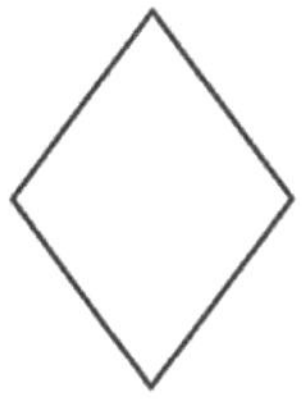		

Leçon 29 : Consolider le vocabulaire de géométrie.

UNE HISTOIRE D'UNITÉS

Leçon 29 Devoirs 5•6

2. Mark dessine une figure qui présente les caractéristiques suivantes :

   - Exactement 4 côtés de 7 centimètres chacun.
   - Deux paires de lignes parallèles.
   - Exactement 4 angles mesurant 35 degrés, 145 degrés, 35 degrés et 145 degrés.

   a. Dessine et nomme la figure de Mark ci-dessous.

   b. Donne autant de noms de quadrilatères que possible à la figure de Mark. Explique ton raisonnement pour les noms de la figure de Mark.

   c. Énumère les noms des figures de Mark dans le Problème 2 (b), du moins spécifique au plus spécifique. Explique ton raisonnement.

Nom _____ Date _____

Apprends à quelqu'un chez toi à jouer à l'un des jeux auxquels tu as joué aujourd'hui avec tes cartes de vocabulaire illustrées. Répond ensuite aux questions ci-dessous.

1. A quels jeux as-tu joué ?

2. Qui a joué aux jeux avec toi ?

3. Comment cela s'est-il passé d'apprendre à jouer à quelqu'un à la maison ?

4. As-tu dû enseigner à la personne qui jouait avec toi l'un des concepts mathématiques avant de pouvoir jouer ? Lesquels ? Comment cela s'est-il passé ?

5. Lorsque tu joueras à nouveau à ces jeux à la maison, quels changements apporteras-tu ? Pourquoi ?

Leçon 30 : Consolider le vocabulaire de géométrie.

Leçon 31 Aide aux devoirs

Notes de cours

Pour mieux comprendre les nombres de Fibonacci, regarde la courte vidéo « Doodling in Math: Spirals, Fibonacci, and Being a Plant » de Vi Hart (http://youtu.be/ahXIMUkSXXO).

1. Dans ton propre langage, décris ce que tu sais sur les nombres de Fibonacci.

   Les nombres de Fibonacci sont vraiment intéressants. C'est une liste de nombres. Tu peux toujours trouver le nombre suivant de la série en additionnant les 2 nombres qui le précèdent.

   Par exemple, si une partie de la série est 13 puis 21, le nombre suivant dans la liste sera be 34 parceque $13 + 21 = 34$.

   Je me souviens des premiers nombres de Fibonacci :

   $$1, 1, 2, 3, 5, 8, 13, 21, 34.$$

2. Décris à quoi ressemblait le dessin que tu as fait en classe aujourd'hui.

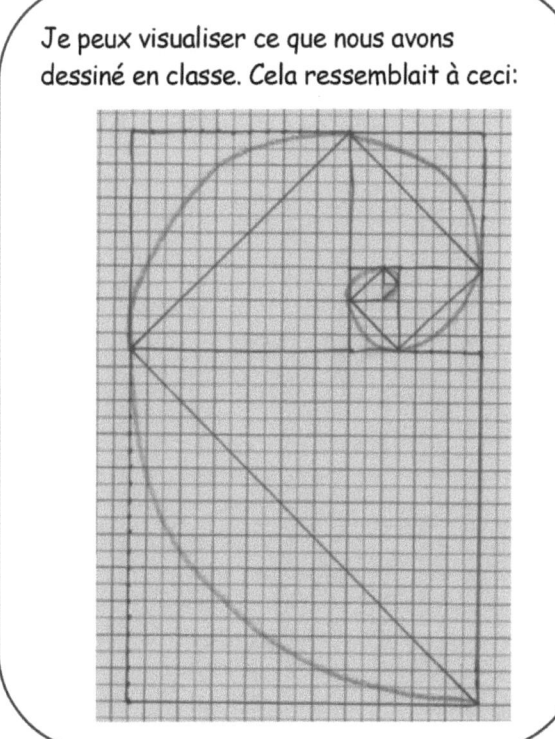

Je peux visualiser ce que nous avons dessiné en classe. Cela ressemblait à ceci:

Au début, le dessin ressemblait à un tas de boîtes carrées dessinées près des unes des autres qui avaient un côté en commun. Mais ensuite, nous avons tracé une ligne diagonale sur chaque carré. Ensuite, nous avons dessiné une ligne plus courbe à l'intérieur de chaque carré, et cela a créé ce schéma en spirale vraiment pratique, un peu comme un coquillage.

Après l'avoir dessiné, nous avons noté la longueur du côté de chaque carré que nous avons dessiné et nous avons réalisé qu'il s'agissait des nombres de Fibonacci. En d'autres termes, les 2 premiers carrés que nous avons dessinés avaient une longueur de côté de 1, puis le carré suivant avait une longueur de côté de 2, puis 3, puis 5, et ainsi de suite.

Leçon 31 : Explorer la suite de Fibonacci.

Nom _____ Date _____

1. Liste les nombres de Fibonacci jusqu'à 21, et crée, sur le graphique ci-dessous, une spirale de carrés correspondant à chacun des nombres que tu écris.

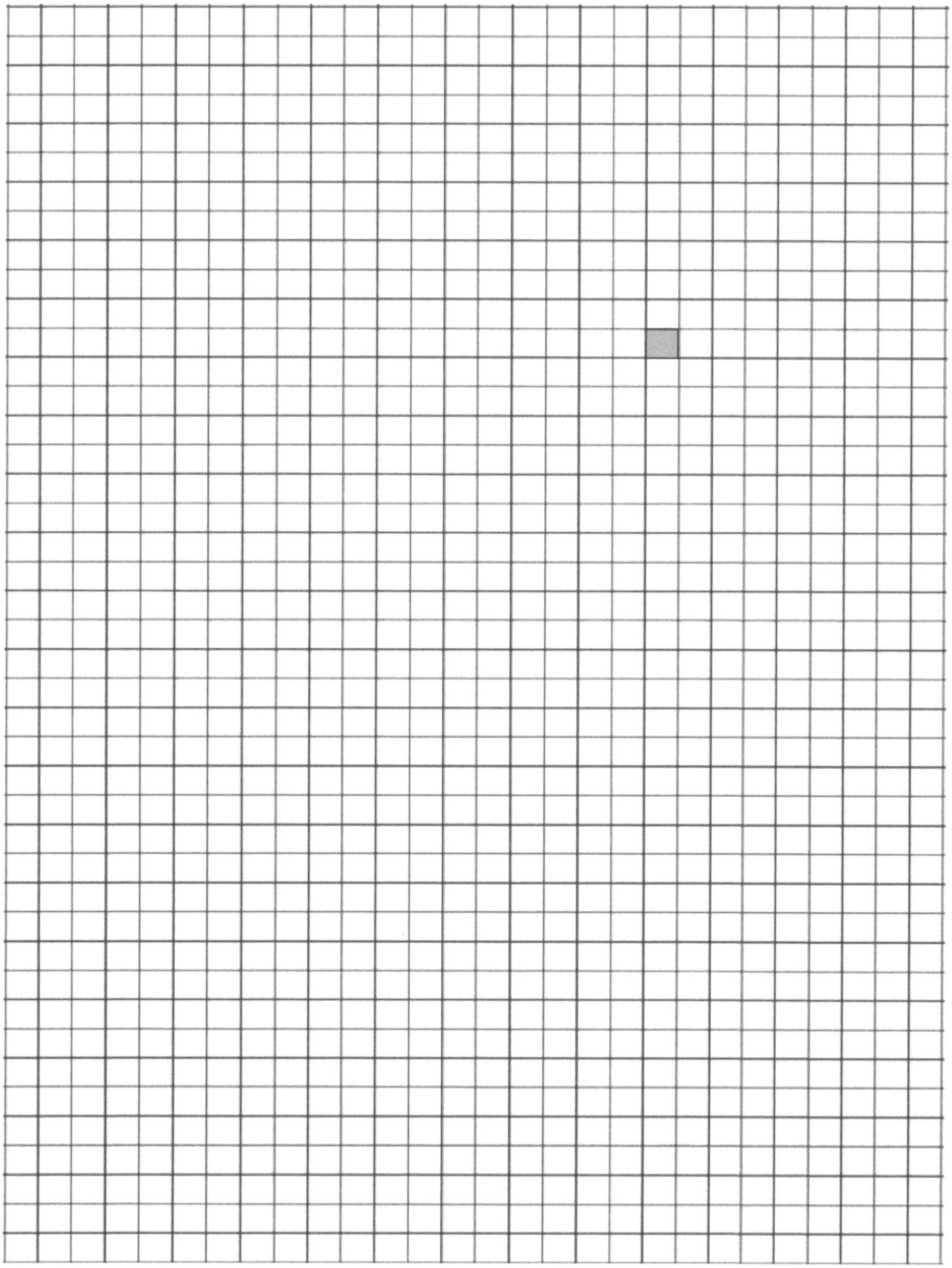

Leçon 31 : Explorer la suite de Fibonacci.

2. Dans l'espace ci-dessous, écris une règle qui génère la suite de Fibonacci.

3. Écrivez au moins les 15 premiers nombres de la suite de Fibonacci.

UNE HISTOIRE D'UNITÉS

Leçon 32 Aide aux devoirs 5•6

Notes de cours

Pour mieux comprendre les nombres de Fibonacci, regarde la courte vidéo « Doodling in Math: Spirals, Fibonacci, and Being a Plant » de Vi Hart (http://youtu.be/ahXIMUkSXXO).

1. Complète la suite de Fibonacci dans le tableau ci-dessous.

   > Les valeurs de la rangée du haut indiquent l'ordre des nombres dans la séquence. Par exemple, il s'agit du 6e numéro de la séquence.

1	2	3	4	5	6	7	8	9
1	1	2	3	5	8	13	21	34

   > Je peux trouver la valeur du numéro suivant dans la séquence en additionnant les deux nombres précédents. $5 + 8 = 13$; par conséquent, le 7e nombre de la séquence est 13.

2. Si les nombres en $12^e{}_P$ et $13^e{}_P$ de la suite sont respectivement 144 et 233 quel est le nombre en $11^e{}_P$ de la série ?

   ___ $+ 144 = 233$

   $233 - 144 = 89$
   > Quel nombre plus 144 est égal à 233? Je peux utiliser la soustraction pour résoudre le problème.

   Le nombre en $11^e{}_P$ de la série est 89.

Leçon 32 : Explorer les modèles pour économiser de l'argent.

Nom _____ Date _____

1. Jonas a joué avec la suite de Fibonacci qu'il a apprise en classe. Complète le tableau qu'il a commencé.

1	2	3	4	5	6	7	8	9	10
1	1	2	3	5	8				

11	12	13	14	15	16	17	18	19	20

2. En regardant les nombres, Jonas s'est rendu compte qu'il pouvait jouer avec eux. Il a pris deux nombres consécutifs dans le schéma et les a multipliés par eux-mêmes, puis les a additionnés. Il a découvert qu'ils avaient créé un autre nombre dans le schéma. Par exemple, (3 × 3) + (2 × 2) = 13, un autre nombre dans le schéma. Jonas a déclaré que c'était vrai pour n'importe quels deux nombres qui se suivent de Fibonacci. Jonas avait-il raison ? Montre ton raisonnement en donnant au moins deux exemples des raisons pour lesquelles il avait raison ou tort.

3. Les nombres de Fibonacci peuvent être trouvés dans de nombreux endroits dans la nature, par exemple, le nombre de pétales dans une marguerite, le nombre de spirales dans une pomme de pin ou un ananas, et même la façon dont les branches poussent sur un arbre. Trouve un exemple de quelque chose de naturel où tu peux voir un nombre de Fibonacci en action et dessine-le ici.

UNE HISTOIRE D'UNITÉS — Leçon 33 Aide aux devoirs 5•6

Trouve une boîte rectangulaire chez toi. Utilise une règle pour mesurer les dimensions de la boîte au centimètre près. Ensuite, calcule le volume de la boîte.

> Je trouve le volume des prismes rectangulaires, ou boîtes, en multipliant les 3 dimensions ensemble.
> Volume = longueur × largeur × hauteur

Objet	Longueur	Largeur	La taille	Le volume
Boîte à chaussures jouet	8 cm	3 cm	6 cm	144 cm³

> La longueur de la boîte à chaussures était exactement de 7.5 cm, mais les directions dites mesurer au centimètre près. J'arrondis 7.5 à 8.

> 8 × 3 × 6 = 24 × 6 = 144
> Le volume de la boîte à chaussures est de 144 centimètres cubes.

Leçon 33 : Concevoir et construire des boîtes pour garder le matériel à utiliser pendant l'été.

Nom _____ Date _____

1. Trouve diverses boîtes rectangulaires chez toi. Utilise une règle pour mesurer les dimensions de chaque boîte au centimètre près. Ensuite, calcule le volume de chaque boîte. Le premier exercice a été partiellement fait pour toi.

Objet	Longueur	Largeur	Hauteur	Volume
Boîte de jus de fruits	11 cm	2 cm	5 cm	

2. Les dimensions d'une petite boîte de jus de fruits sont de 11 cm sur 4 cm sur 7 cm. La boîte de jus de fruits de grande taille a la même hauteur de 11 cm mais fait le double de volume. Donne deux ensembles des dimensions possibles de la boîte de jus de fruits de grande taille et du volume.

Leçon 33 : Concevoir et construire des boîtes pour garder le matériel à utiliser pendant l'été.

Crédits

Great Minds® a fait tout son possible pour obtenir l'autorisation de réimprimer tout le matériel protégé par des droits d'auteur. Si un propriétaire de matériel protégé par des droits d'auteur n'est pas mentionné dans le présent document, veuillez contacter Great Minds pour qu'il soit dûment mentionné dans toutes les éditions et réimpressions futures de ce module.

Printed by Libri Plureos GmbH in Hamburg, Germany